模具材料选用及表面修复技术

主　编　简发萍
副主编　杜继涛　杨　梅

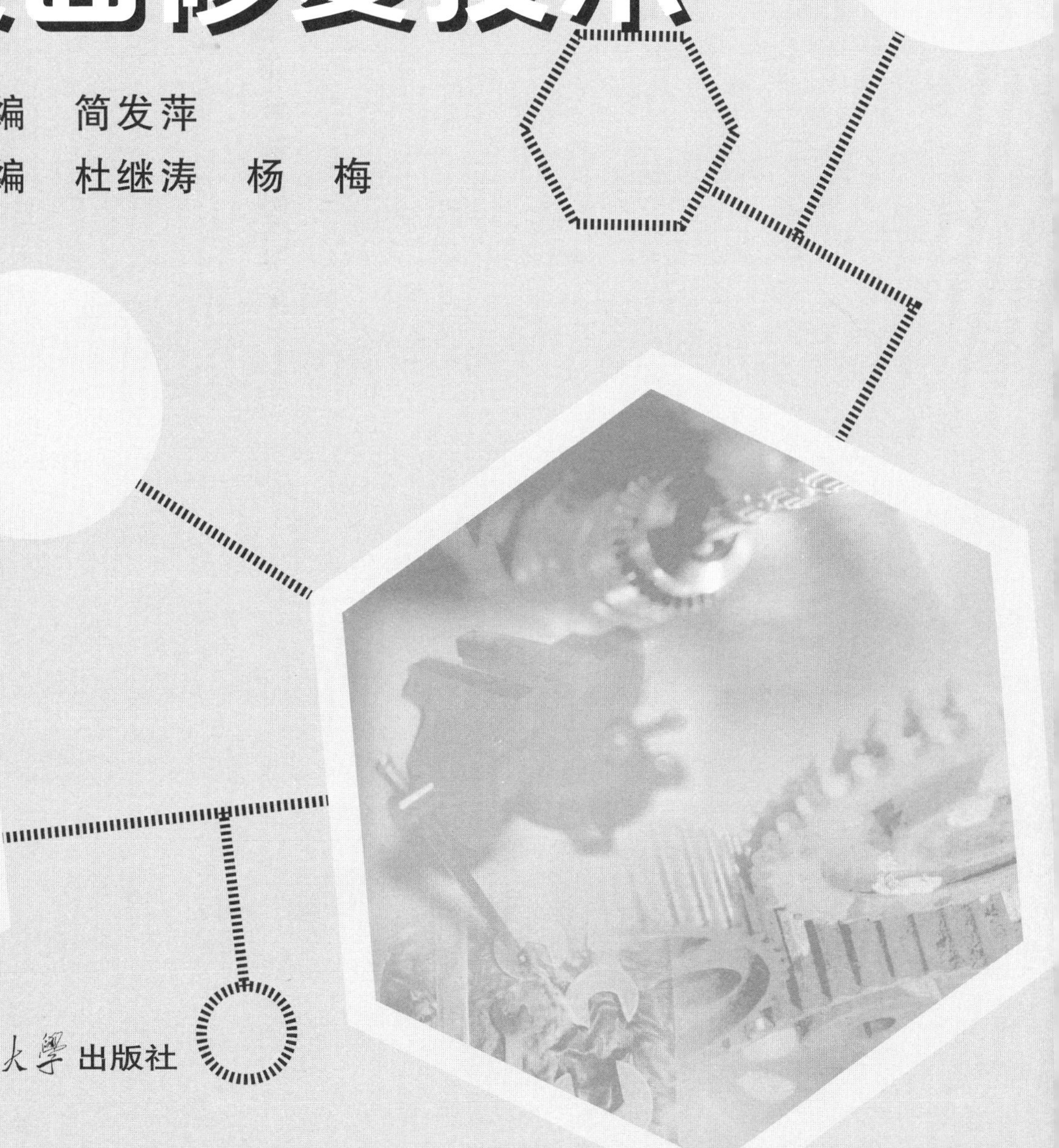

復旦大學出版社

内容提要

本书主要介绍了5个方面的内容：　模具失效与模具材料选用基础知识、塑料成型模具材料的选用、冷冲压模具材料选用、热作模具材料选用、模具表面修复技术，其中，模具表面修复技术包含了常用塑料模具的表面修复技术、冷拉延模具的表面修复技术和热作模具的表面修复技术。材料的推荐选用基本依据国家标准，并在塑料成型模具材料的选用、冷冲压模具材料的选用、热作模具材料的选用，以及塑料模具的表面修复技术、冷拉延模具的表面修复技术和热作模具的表面修复技术中以实际工作案例分析，同时列出部分新型塑料成型模具材料和新型冷冲压模具材料。

本书可作为高职高专院校模具类专业的教材，也可作为从事模具设计与制造的工程技术人员参考资料。

前　言

本书主要针对提高模具寿命、减少模具失效的解决方案编写，解决方案包括“未雨绸缪”和“亡羊补牢”两种方法。前者是在模具设计制造的过程中，考虑模具可能发生的失效，合理设计模具和选用模具材料；后者是在模具失效后，采用合理的手段修复模具表面。

编者结合实际情况，认真分析了课程特点及教学目标，编写了5个方面的内容：模具失效与模具材料选用基础知识、塑料成型模具材料选用、冷冲压模具材料选用、热作模具材料选用、模具表面修复技术。其中，模具表面修复技术包含了常用模具表面修复技术、塑料模具的表面修复、冷拉延模具的表面修复和热作模具的表面修复。材料的推荐选用基本依据国家标准，并在塑料成型模具材料的选用、冷冲压模具材料的选用、热作模具材料的选用，以及塑料模具的表面修复技术、冷拉延模具的表面修复技术和热作模具的表面修复技术中以实际工作案例分析，列出了部分新型塑料成型模具材料和新型冷冲压模具材料。

本课程建议课时(总课时32学时)分配如下：

章　序	教学内容	课　时
第一章	模具失效与模具材料选用基础知识	6
第二章	塑料成型模具材料选用	6
第三章	冷冲压模具材料选用	6
第四章	热作模具材料选用	6
第五章	模具表面修复技术	8

本书由简发萍任主编，杜继涛、杨梅任副主编，参与编写的有黄红辉、于位灵、王朴、王浩。其中，简发萍负责撰写编写提纲和第一章，于位灵、王朴负责编写第二章，杨梅负责编写第三章，黄红辉负责编写第四章，杜继涛负责编写第五章。

由于编者水平有限，本书难免有错误和不妥之处，恳请广大读者批评指正。本书在编写过程中参考了大量的文献资料，在此向文献资料的作者致以诚挚的谢意！

编者

目　　录

第1章

【模具材料选用及表面修复技术】

模具失效与模具材料选用基础知识

学习目标　本章主要学习模具寿命与模具失效的基本概念，影响模具寿命的主要因素，模具失效形式及机理，各类失效形式对模具材料的性能要求，各类典型模具常见失效形式及各类模具钢性能要求，模具失效分析及模具材料选用原则。

本章学习后，应达到以下目标：

1. 准确理解有关概念；
2. 掌握影响模具寿命的主要因素；
3. 掌握模具失效的主要形式，能分析其失效原理；
4. 掌握各种失效形式对模具材料的性能要求；
5. 掌握各类典型模具常见失效形式及各类模具钢性能要求；
6. 掌握模具失效分析的基本步骤及模具材料选用原则。

模具工业作为国民经济的基础工业，是加工制造的关键技术核心，关系到航空航天、机械、汽车、医疗器械、建材等各个行业，种类繁多，涉及面广。

现代模具技术致力于发展精密、高效、长寿命模具，追求的目标是提高模具寿命、产品质量及生产效率，缩短设计制造周期，降低生产成本，满足客户需求。

模具寿命的高低，直接影响产品的质量和经济效益，而模具材料与热处理以及模具的表面修复是影响模具寿命诸因素中的主要因素。所以，目前世界各国都在不断地开发模具新材料，改进热处理工艺和表面修复技术。

1.1　模具失效与模具寿命概述

模具服役是指模具安装调试后，正常生产合格产品的过程。模具的服役条件包括安装模具的机床类型、吨位、精度、成型次数、生产效率，被加工工件大小、尺寸、材质、变形抗力，以及工件加热条件、制件成型温度、冷却润滑条件等。模具损伤是指模具在使用过程中，出现尺寸变化或微裂纹，但没有立即丧失服役能力的状态。

1.1.1 模具失效

模具受到损坏，不能通过修复而继续服役叫做模具失效。广义上讲，模具失效是指一套模具完全不能再用，生产中一般指模具的主要工作零件不能再用。导致模具失效的原因很多，比如不合理的生产计划也可能导致模具失效；技术水平的提高也将造成模具失效；模具和成型技术的改善，影响模具的寿命；生产率低的模具不再继续使用而被高生产率的模具替代，从而使生产率低的模具失效。

因模具类型不同、生产产品不同，失效形式也不尽相同。比如，某些塑料件要求表面很光，生产该产品的模具会因模具表面粗糙度不能满足产品要求而失效，锻造模具则会因为锻模破裂或锻件尺寸不符合要求而失效。模具的失效过程可分为早期失效、随机失效和耗损失效 3 个阶段，如图 1－1 所示。模具未达到一定工业技术水平公认的使用寿命就不能服役时，称为模具的早期失效，也叫做非正常失效，发生在模具的使用初期，主要由模具设计和制造上的缺陷引起，一经使用就显露出来；模具经大量生产使用，因缓慢塑性变形或较均匀地磨损或疲劳断裂而不能继续服役时，称为模具的正常失效或随机失效；模具发生正常失效时，已达到或超过模具预定的寿命，该阶段失效几率很低。模具经过了长期使用，由于损伤的大量积累，致使失效发生的几率急剧增加，从而进入耗损失效阶段，即到了模具寿命的终止期。

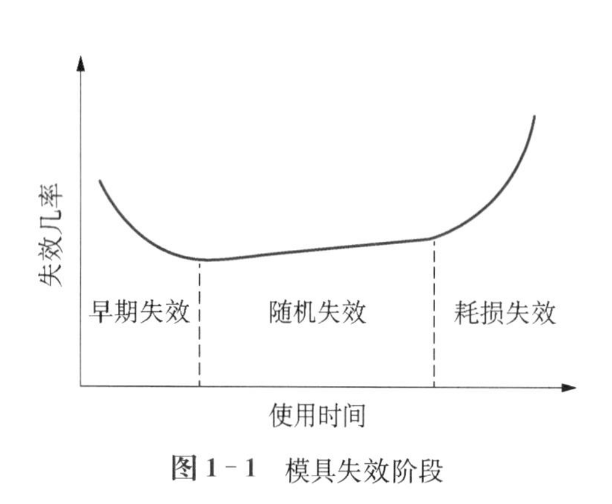

图 1－1 模具失效阶段

1.1.2 模具寿命

模具因为磨损或其他形式失效、终至不可修复而报废之前所加工的产品的件数，称为模具的使用寿命，简称模具寿命。模具生产出的制品形状、尺寸及表面质量不符合其技术要求而不能使用称为制件报废，大多数模具的寿命是由制品可用性决定的，如果模具生产的制品报废，则该模具就没有价值了。模具的使用寿命并不期望无限长，只需要比模具成型制品的生产要求长。在考虑模具的最佳使用寿命时，应将目标放在使单件制品获得最低成本的基础上，这样的模具使用寿命对工业生产才有实际意义。

1. 模具正常寿命

模具正常失效前，生产出的合格产品的数目，称模具正常寿命，简称模具寿命 S。模具首次修复前生产出的合格产品的数目，称为首次寿命 S_1，模具一次修复后到下一次修复前所生产出的合格产品的数目，称为修模寿命 S_2。模具寿命是首次寿命与各次修模寿命的总和，

$$S = S_1 + \sum S_2 。$$

模具寿命与模具类型和结构有关，模具寿命的长短在一定程度上反映一个地区、一个国家

的冶金工业、机械制造工业水平，也反映了一定时期内模具材料性能、模具设计与制造水平、模具热处理水平以及使用和维护水平。

2. 国内外模具寿命现状简单对比

我国模具基本分为10大类，其中，冲压模和塑料成型模两大类占主要部分。按产值计算，目前我国冲压模占50%左右，塑料成型模约占20%，世界发达工业国家和地区的塑料成型模比例一般占全部模具产值的40%以上；我国冲压模大多为简单模、单工序模和复合模等，而精冲模、精密多工位级进模数量不多；我国模具的平均寿命不足100万次，模具最高寿命达到1亿次以上，精度达到3～5 μm左右，有50个以上的级进工位，而国际上最高模具寿命6亿多次，平均模具寿命5 000万次多；我国塑料成型模具中单型腔、简单型腔的模具占主导地位，达70%以上，已经能初步设计和制造一模多腔精密复杂的塑料注射模、多色塑料注射模。全国由于模具寿命低而造成的浪费，估计每年不下数亿元人民币。目前，我国每年消耗模具钢10万吨左右，进口一万多吨；我国模具钢的消耗量与日本大致相当，但日本的产品却高出我国几十倍，我们的模具寿命估计只相当于工业先进国家的1/5～1/3。

3. 提高模具寿命近期的目标

对精密、复杂、大型、长寿命模具进行失效分析；研究综合性能优良的模具钢，形成系列，淘汰老钢种；研制高耐磨冷作模具钢、硬化精密热作模具钢、复合系易切削镜面塑料模具钢、新型硬质合金、钢结硬质合金模具材料；研究真空热处理及表面热处理新技术；研制新型模具润滑剂和涂料、黏结剂；研究新型喷镀、刷镀等新强化堆焊技术和激光强化修复技术，提高模具维修技术及表面修复技术，提供综合性措施，大幅度提高模具使用寿命。

1.2　模具寿命主要影响因素

模具寿命直接影响生产率和产品成本。实际工作中，影响模具寿命的因素纷繁复杂，常见的主要因素有：

(1) 模具材料方面　模具零件材料的强度、刚度、韧性、耐磨性等。

(2) 模具设计方面　模具结构的合理设计。

(3) 模具零件加工工艺方面　零件制造精度、制造工艺和制造质量、热处理技术、表面处理质量。

(4) 模具工作条件方面　成型工艺、材质、成型设备特性。

(5) 模具使用管理方面　安装与调整、服役环境、管理维护等。

(6) 润滑方面　模具润滑方式的选择、润滑油选用等。

模具寿命体现了一定时期内模具设计技术的进步和模具类型、模具结构形式的开发时也体现了一定时期内新材料的研究开发使用、模具材料性能、模具钢的冶炼技术的进步等，综合反映了一个时代模具设计思路与方案，模具零件加工技术水平，模块锻造技术，模具热处理水平，模具使用、维护水平，模具工程系统管理水平及信息化模具平台的开发使用水平等。影响模具寿命的各种因素见表1-1。

表 1－1　影响模具寿命的各种因素

模具方面	模具设计	模具过载设计(工序划分不当) 工具形状和精度不良(应力集中) 加强环预应力不足
	模具材料	选材时韧性、强度不足 加工时未考虑方向性，最小加工余量不当
	热处理	过热、脱碳 淬火冷却缓慢 回火硬度偏高 回火温度太低 内部不均匀 多余的表面处理
	模具加工	表面粗糙度不良 圆角 R 设计不当 残存有刀痕和脱碳层 残存有放电加工变质层
使用条件方面	被加工材料	成分波动，硬度波动(热处理不良) 表面质量不良 尺寸、形状、平面度不良 坯料重量波动
	设备及工作条件	设备精度、刚度不良 加工速度大 加工压力大
	模具装配	中心和垂直度偏心
	润滑条件	新生面供油不良 润滑油选择不当

1.3　模具失效形式及机理

1.3.1　模具失效形式的分类

模具品种多，服役条件差别大，损坏部位也各不相同，因此失效形式千差万别。失效形式按经济法观点和失效机理分类。

(1) 经济法观点分类　经济法分类的目的是明确失效造成损失的法律责任和经济责任。按经济法分为正常损耗失效、误用失效、受累性失效、模具缺陷失效。

正常损耗失效指模具的使用时间已到寿命终止期，由模具使用者负责；误用失效指使用不当造成的失效，应由模具使用者承担责任；受累性失效指其他原因或自然灾害等不可抗拒的因素所导致的失效；模具缺陷失效属于模具质量问题，应由模具制造者承担责任。

(2) 失效机理分类　失效机理分类的目的是找出失效原因，提出防护措施。按该方式分为磨损失效、过量变形失效和断裂失效。其中，磨损失效又分为表面磨损、表面腐蚀、接触疲劳失效等，过量变形失效又分过量弹性变形、过量塑性变形失效等，断裂失效又分塑性断裂、脆性

断裂、疲劳断裂等。

1.3.2　模具失效形式机理

一、磨损失效

由于表面的相对运动，从接触表面逐渐失去物质的现象叫做磨损。模具与成型坯料接触，产生相对运动，造成磨损，使模具的尺寸发生变化或者改变了模具的表面状态使之不能服役，称为磨损失效。

模具成型的产品不同，工作状况不同，磨损情况不同。按磨损机理分为磨粒磨损、黏着磨损、疲劳磨损、气蚀和冲蚀磨损、腐蚀磨损、微动磨损。

1. 磨粒磨损

工件表面的硬突出物或外来硬质颗粒存在于工件与模具接触表面之间，刮擦模具表面，引起模具表面材料脱落的现象叫做磨粒磨损。主要特征为摩擦表面上有擦伤、划痕或形成犁皱的沟痕，磨损物为条状或切屑状，如图 1－2 所示。

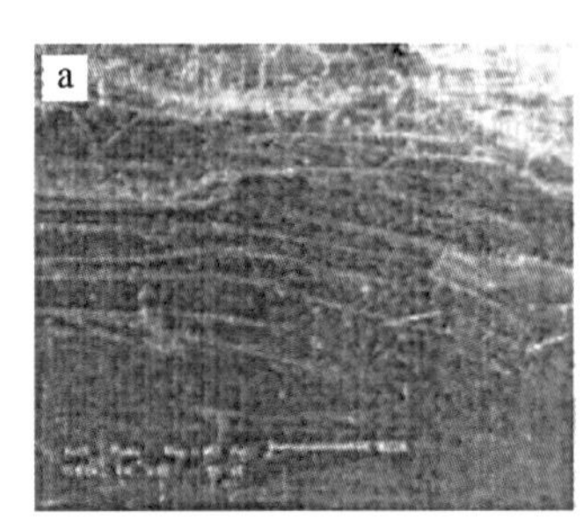

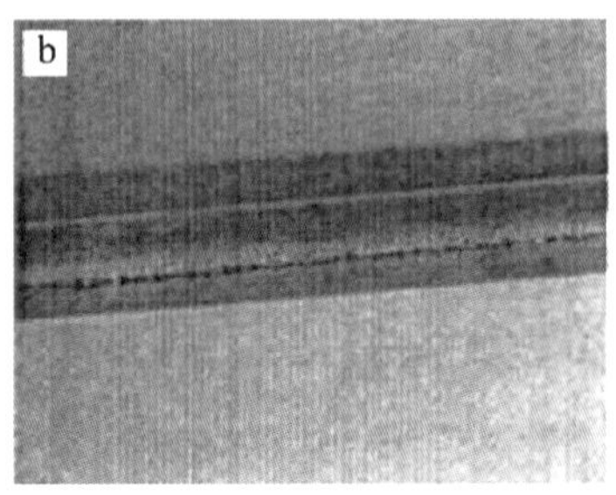

图 1－2　表面沟槽微观形貌

(1) 磨粒磨损的主要微观机理　有微观切削磨损机理、多次塑变磨损机理、疲劳磨损机理、微观断裂磨损机理。

① 微观切削磨损机理。磨粒与工件和模具表面接触，作用在磨粒上的作用力可分为垂直于表面和平行于表面的两个分力，如图 1－3 所示。垂直分力使磨粒压入金属表面，平行分力使磨粒与金属表面产生相对切向运动。第一阶段磨粒与材料表面作用力的垂直分力使磨粒压入金属表面，第二阶段平行分力使压入金属表面的磨粒与金属表面产生相对切向运动。两个阶段综合形成完整的磨粒磨损过程。

在模具成型产品时，通常模具比产品硬度高。磨粒首先被压入较软的产品内，在模具与产品相对运动时刮擦模具，从模具表面切下细小的碎片。当模具表面存在沟槽、凹坑时，磨粒不易从凹坑中出来或黏结在模具表面上随产品一起运动，磨粒将耕犁或犁皱产品，如图 1－4 所示。

② 多次塑变磨损机理。当磨粒的棱角不太尖锐时，磨粒使金属表面产生表面塑性变形，反复塑变使金属表面产生加工硬化，最终剥落形成磨屑。

③ 疲劳磨损机理。反复塑变使金属表面分离出磨屑，也有可能是因为材料表层的微观组织受磨粒作用应力超过材料的疲劳极限而产生。

④ 微观断裂磨损机理。脆性材料磨粒磨损会使横向裂纹互相交叉或扩散到材料表面，使材料脱落。

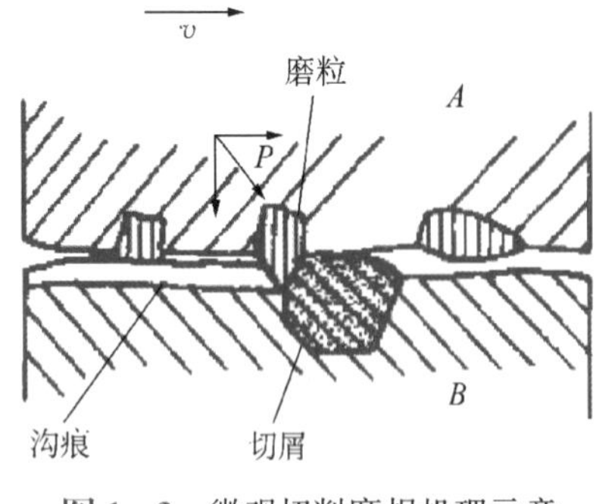

图 1-3　微观切削磨损机理示意

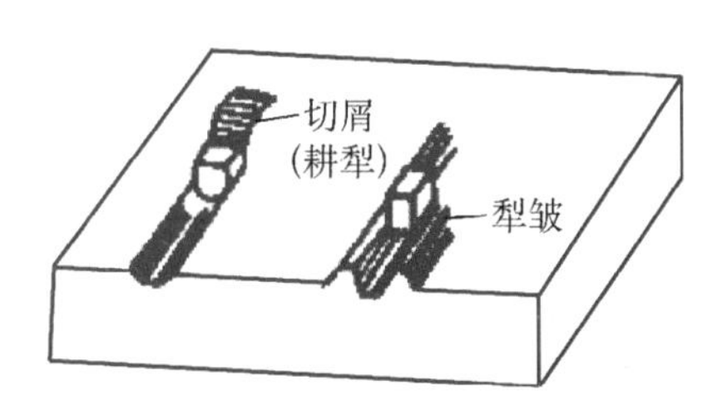

图 1-4　磨粒耕犁与犁皱

(2) 影响磨粒磨损的主要因素　磨粒尺寸越大，磨损量越大，但磨粒的尺寸到达一定值后，磨损量保持不变；磨粒的棱角越尖锐、越呈多棱形，磨损量越大。

磨粒硬度 H_m 与模具材料的硬度 H_0 之间的相对值对磨损有很大影响。当 $H_m < H_0$ 时，如图 1-5 中Ⅰ区，模具产生轻微磨损，磨损率小，曲线平缓上升；当 $H_m = H_0$ 时，如图 1-5 中Ⅱ区，磨损呈软化状态，磨损率急剧增加，曲线上升很陡；当 $H_m > H_0$ 时，如图 1-5 中Ⅲ区，严重磨损状态，磨损量较大，曲线趋平。由此可见，要减少磨粒磨损，模具材料硬度 H_0 应比磨粒的硬度 H_m 高。

随着模具与工件表面压力的增加，磨粒压入模具的深度增加，磨损越严重。但当压力达到一定值后，磨粒棱角变钝，磨损增加趋缓。

工件厚度越大，磨粒越易嵌入工件，嵌入深度越深，对模具的磨损越小，如图 1-6 所示。

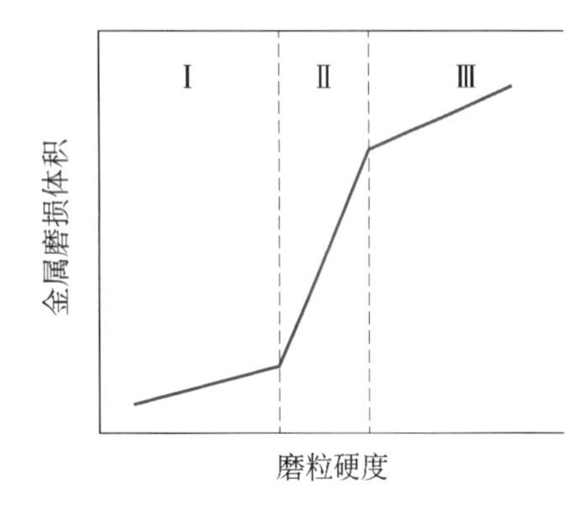

图 1-5　模具材料相对硬度与磨损量的关系

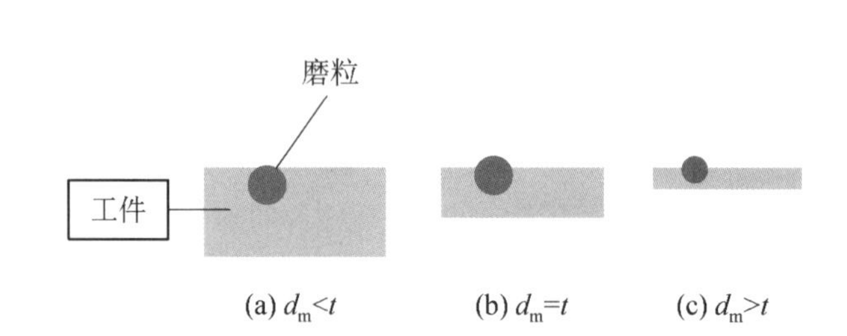

图 1-6　工件厚度与磨粒尺寸相对比值对磨损的影响

(3) 提高耐磨粒磨损的措施　有以下几点：

① 表面耐磨处理。模具服役条件恶劣，承受一定的冲击载荷，模具的整体必须具有一定的韧性。而韧性并不能保证模具的耐磨性。因此，模具表面的耐磨处理，是在保证不破坏整体韧性的前提下，提高模具耐磨性。

② 提高模具材料的硬度。通常，模具材料硬度越高，抗磨粒压入的能力越强，耐磨损性越好。

③ 采用防护措施。在模具工作过程中，需及时清理模具表面与毛坯上存在的磨粒，防止磨粒侵入，提高耐磨性。

2. 黏着磨损

工件与模具表面相对运动时，由于表面凹凸不平，接触点局部应力超过了材料的屈服强度

发生黏合，黏合的节点发生剪切断裂而拽开，使模具表面材料转移到工件或者脱落的现象。其主要特征是模具表面有细的划痕或大小不等的结疤，摩擦副之间有金属转移，磨损产物多为片状或小颗粒。

微观上，模具表面凹凸不平。模具与工件表面实际接触面积只有名义上的 0.01%～0.10%，只有少数微观凸体的峰顶接触，峰点压力很大，足够引起塑性变形。并且，表面温度因摩擦发热很高，严重时甚至可使表面局部金属软化或熔化，因而破坏了表层的氧化膜和润滑膜，使新的金属材料暴露，造成了材料分子之间相互吸引、相互渗透、相互黏着和咬着的条件，于是它们就连接起来，这一过程一般只有几毫秒。随着相对运动的进行和接触部分温度急剧下降，峰顶相当于一次局部淬火，使黏着部分的材料强度增加，并形成淬火裂纹，最后造成撕裂和剥落。黏着磨损过程，如图 1－7 所示。

① 微凸体开始接触，在接触峰顶产生弹塑性变形；

② 微凸体接触点产生黏着，形成黏结点；

③ 黏结点附近产生裂纹；

④ 黏结点在裂纹处被剪切，使微凸体分离；

⑤ 微凸体附近弹性恢复，完成一个黏着磨损过程。

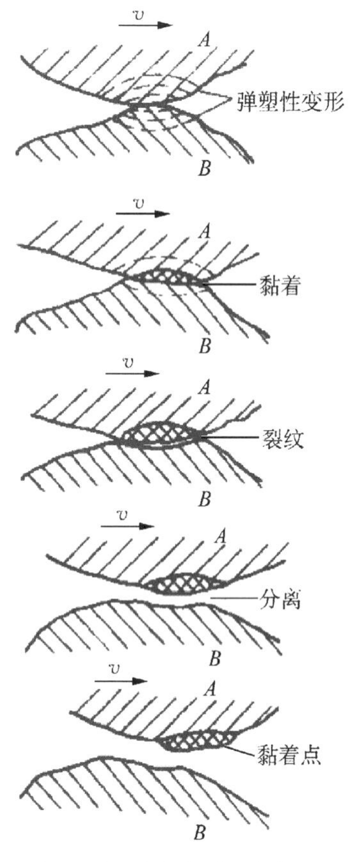

图 1－7　黏着磨损微观模型

按照磨损严重程度，黏着磨损可分为轻微黏着磨损和严重黏着磨损。

（1）轻微黏着磨损　黏结点强度低于模具和工件的强度时发生。接点的剪切损坏基本上发生在黏着面上，表面材料的转移十分轻微，如图 1－8 所示。这种磨损只发生在工具与模具表面的氧化膜内，又称为氧化磨损。

（2）严重黏着磨损　当黏结点的强度高于模具与工件其中之一的材料强度时，剪切面发生在工件或模具的基体上。分为 3 种情况：

① 涂抹：黏结点强度介于模具和工件的强度之间。接点的剪切损坏发生在离黏着面不远的较软模具金属的浅层内，使软金属黏附并涂抹在较硬金属表面上，如图 1－9 所示。

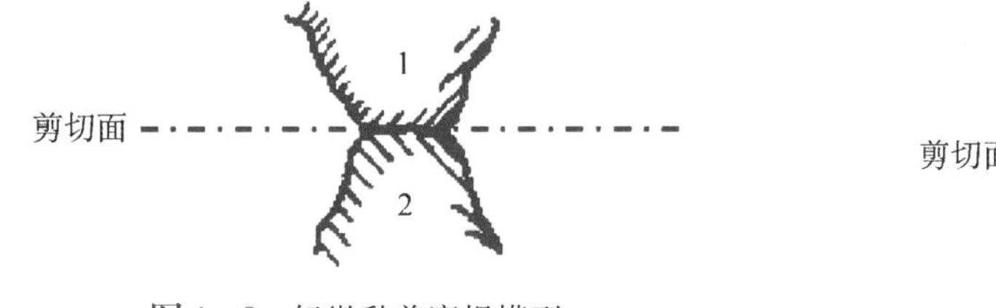

图 1－8　轻微黏着磨损模型

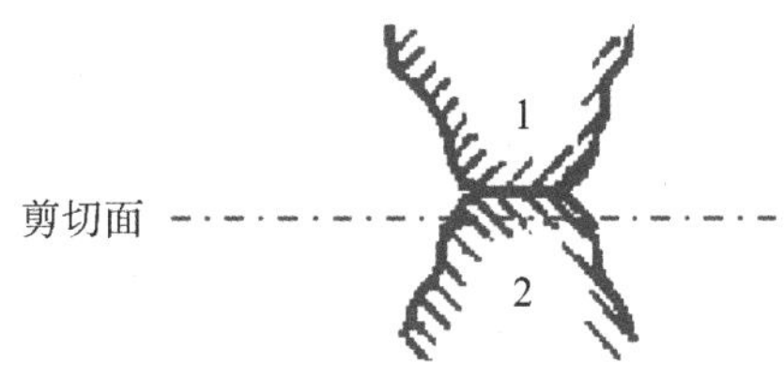

图 1－9　涂抹模型

② 擦伤：黏结点强度高于模具和工件的强度。接点剪切损坏主要发生在较软金属的浅层内，有时硬金属表面也有擦痕。转移到硬表面上的黏结物又擦削较软表面，如图 1－10 所示。

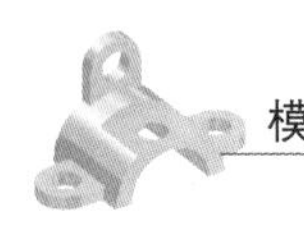

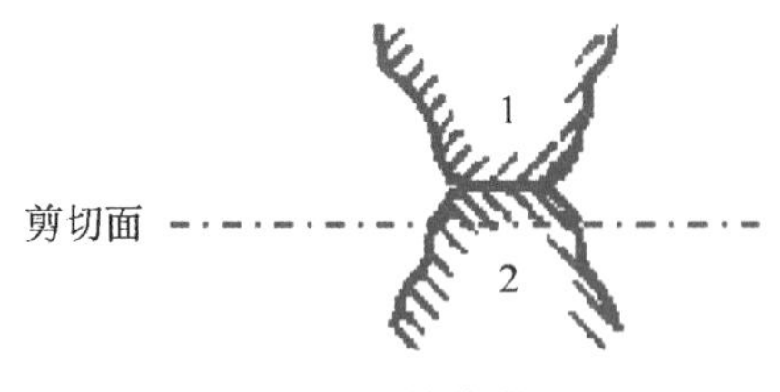

图 1-10　擦伤模型

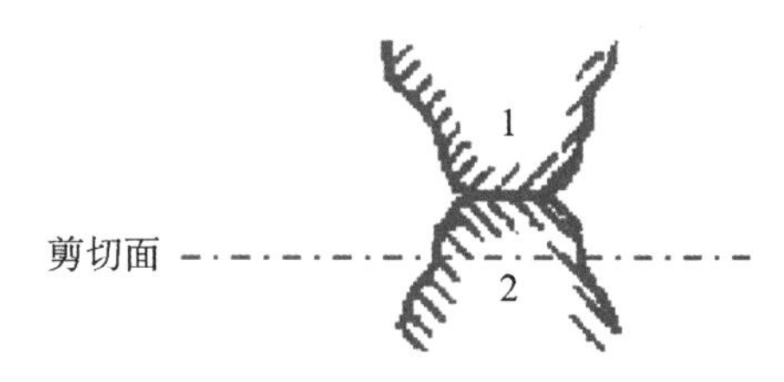

图 1-11　胶合(咬死)模型

③ 胶合(咬死)：当黏结点强度远远高于模具和工件的强度时发生。摩擦副之间黏着面积较大，不能相对运动。剪切发生在模具或工件较深的地方，如图 1-11 所示。

(3) 影响黏着磨损的因素　主要包括：

① 材料性质。根据强度理论，脆性材料的破坏取决于正应力，塑性材料的破坏由切应力引起。表面接触中，最大正应力作用在表面，最大切应力出现在离表面一定深度。所以，脆性材料比塑性材料黏着倾向小，材料塑性越高，黏着磨损越严重。塑性材料接点的断裂发生在离表面较深处，磨损下来的颗粒较大；脆性材料接点破坏处离表面较浅，磨屑呈细片状。

相同金属或互溶性较大的材料组成的摩擦副，黏着效应较强，容易发生黏着磨损。异性金属或者互溶性较小的材料组成的摩擦副，不易产生黏着磨损。

从晶体结构来看，密排立方结构比面心立方结构的金属抗黏着磨损的性能好。从材料的相组织结构来看，多相金属比单相金属的抗黏着磨损能力高。

② 表面压力。当平均压力小于材料硬度的 1/3 时，磨损量与载荷成正比，且不大；当压力超过临界值时，磨损量急剧上升；当压力很大时，接触表面处于很高温度，黏结点不易冷却，剪切面多发生在接触面，磨损转向下降。随着表面压力由小增大，磨损形式即由氧化磨损转变为严重磨损，再转化为氧化磨损，如图 1-12 所示。

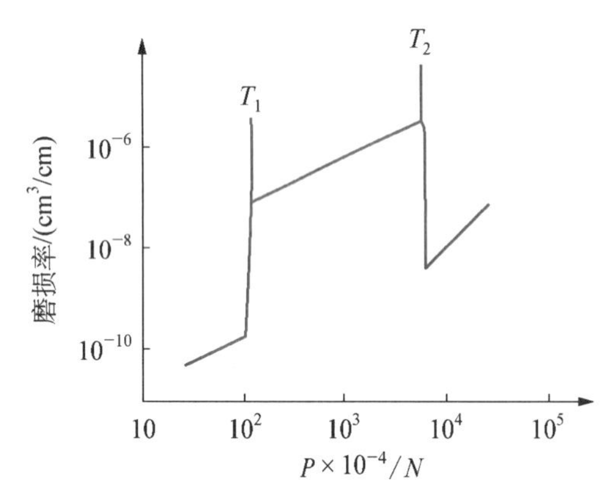

图 1-12　$w(c)$为 0.52%的碳钢的磨损行为转变

负载：x 为 10 N　o 为 100 N

③ 材料硬度。两材料硬度相近时，黏结点强度一般高于两金属材料，剪切会同时发生在两材料的较深的部位，磨损严重；两材料硬度相差较大时，剪切只发生在软金属的浅表层，磨损不大。

(4) 提高耐黏着磨损性能的措施　主要措施有：

① 合理选用模具材料。选与工件互溶性小的材料，可减小亲和力，降低黏结的可能性。

② 合理选用润滑剂和添加剂。润滑油膜可以防止金属表面直接接触，成倍地提高抗黏着磨损的能力。

③ 采用表面处理。采用多种表面热处理方法，改变摩擦表面的互溶性质和表层金属的组织结构，避免同类金属相互摩擦能降低黏着磨损。

3. 疲劳磨损

两接触表面相互运动时，在循环应力(机械应力与热应力)的作用下，表层金属疲劳脱落的现象称为疲劳磨损。微观表面特征为磨损表面有裂纹、小坑(豆状、贝壳状或不规则形状)等，磨损产物为块状或饼状。

摩擦副为线、面接触，承受力和相对运动时，表面及亚表面不仅有多变的接触压力还有切应力，这些外力反复作用一定次数后，表面就产生局部的塑性变形和加工硬化。在某些组织不均匀处，由于应力集中，形成裂纹源，并沿着切应力方向或夹杂物走向发展。当裂纹扩展到表面时或与纵向裂纹相交时，形成磨损剥落。

模具疲劳磨损的外载荷有机械载荷、热载荷，对应产生机械疲劳磨损、冷热疲劳磨损。

(1) 影响疲劳磨损的因素　主要包括：

① 材料冶金质量。钢材中的气体含量，非金属夹杂物的类型、大小、形状和分布状态，是影响疲劳磨损的重要因素，特别是脆性和带有棱角状的非金属夹杂物，破坏了基体的连续性，在循环应力的作用下，夹杂物的尖角部位产生应力集中，并由于塑性变形加工硬化而引起显微裂纹。

② 材料的硬度。一般来讲，硬度增加，材料的抗疲劳能力增加，但过高的硬度有可能导致裂纹的扩展速度快，抗疲劳磨损的能力降低。

③ 表面粗糙度。粗糙度值越小，表面接触面积越大，接触应力变小，抗疲劳能力增强。

(2) 提高耐疲劳磨损性能的措施　主要包括：

① 合理选择润滑剂。润滑剂可避免模具与工件直接接触、均化接触应力、缓冲冲击、充填粗糙表面的低洼处，从而降低疲劳磨损。润滑剂黏度越高越好，固体润滑剂比液体润滑剂好。

② 表面强化处理。采用喷丸、滚压等方法使模具工作表面金属受压缩产生塑性变形，并产生一定的宏观残余压缩应力，有利于提高抗疲劳磨损的能力。

4. 气蚀磨损和冲蚀磨损

(1) 气蚀磨损　金属表面的气泡破裂，产生瞬间的冲击和高温，使模具表面形成微小麻点和凹坑的现象，叫做气蚀磨损，如图 1－13 所示。

当模具表面与液体接触并相对运动时，在液体与模具接触处的局部压力比其蒸发压力低的情况下，形成气泡。溶解在液体中的气体也可能析出形成气泡。如果这些气泡流到高压区，当承受压力超过气泡内压力时，气泡便会破裂，瞬间产生极大的冲击力和高温，作用于模具局部表面。在这种气泡的形成和破裂的反复作用下，模具浅表面萌生疲劳裂纹，最后扩展至表面，局部金属脱离表面或气化，形成泡沫海绵状空穴。注塑模、压铸模易发生气蚀磨损。

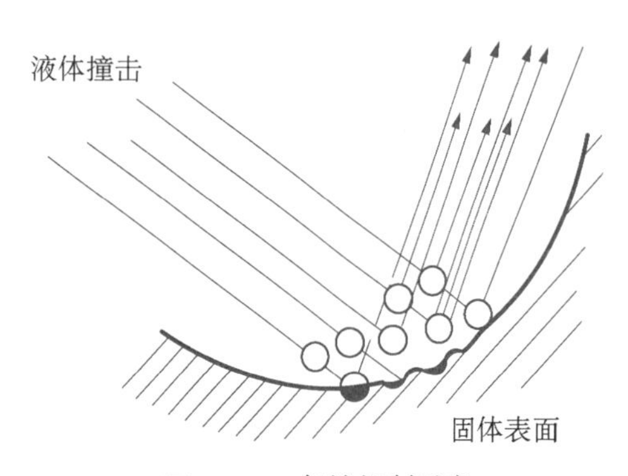

图 1－13　气蚀机制示意

(2) 冲蚀磨损　液体和固体微小颗粒高速落到模具表面，反复冲击模具表面，使模具表面局部材料流失，形成麻点和凹坑的现象叫做冲蚀磨损，如图 1－14 所示。

小滴液体高速(100 m/s)落到模具表面上，产生很高的应力，一般可以超过金属材料的屈

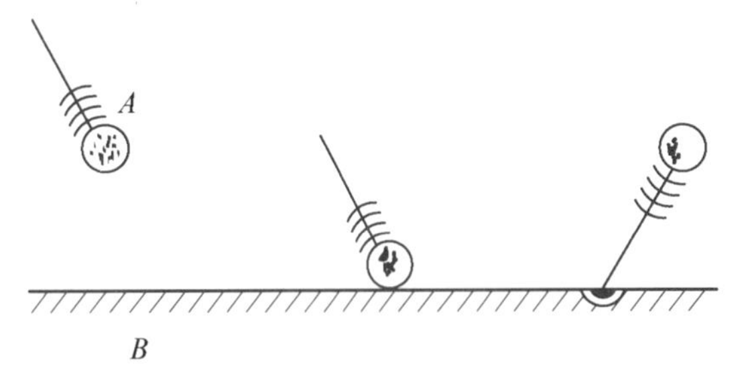

图 1－14　冲蚀磨损机制示意

服强度，甚至造成局部材料断裂。但速度不高的反复冲击会萌生疲劳裂纹，形成麻点和凹坑。

(3) 提高抗气蚀磨损和冲蚀磨损的措施

① 合理选择材料，若材料具有较好的抗疲劳性和抗腐蚀性，又有较高的强度和韧性，则抗气蚀和冲蚀磨损的性能就好。

② 降低流体对模具表面的冲击速度，避免涡流，消除产生气蚀的条件。

5. *腐蚀磨损*

在摩擦过程中，模具表面与周围介质发生化学或电化学反应，再加上摩擦力机械作用，引起表层材料脱落的现象叫做腐蚀磨损，是腐蚀和磨损共同作用的结果。

腐蚀磨损常发生在高温或潮湿环境中，尤其在有酸、碱、盐等特殊条件下最易发生。其主要特征为磨损表面有化学反应膜或小麻点，但麻点比较光滑。磨损物为薄的碎片或粉末。典型工件如汽缸与活塞、船舶外壳、水力发电的水轮机叶片等。

微观机制分 3 个阶段，第一阶段在摩擦面发生化学反应，形成反应产物；第二阶段反应产物在摩擦副的相对运动中被磨掉；第三阶段未反应表面暴露，重复第一阶段。

模具常见的腐蚀磨损有氧化腐蚀磨损和特殊介质腐蚀磨损。

(1) 氧化磨损　在摩擦过程中，由于金属表层凸峰的塑性变形，促使原有的氧化膜破裂，新的材料暴露，于是又与氧结合形成脆而硬的氧化膜。新生成的氧化膜因摩擦作用而剥落，由此造成的磨损称为氧化磨损。模具服役时一般都会出现氧化磨损。

氧化磨损的速度与氧化膜的性质有关。若氧化物密度与原金属差不多，氧化膜能牢固地覆盖在金属表面上，磨损小；若氧化物密度比原金属密度大，氧化膜中易出现拉应力，使膜破裂或出现多孔疏松的膜；若氧化物的密度小于原金属的密度，随着氧化膜的生长，膜的体积不断膨胀，在膜内形成平行于表面的压应力和垂直于表面使膜脱离表面的拉应力，膜愈厚，内应力愈大，会使表面氧化膜形成裂纹或从表面脱落。如果氧化膜与金属基体膨胀系数不同，当表面温度发生变化时，也会因产生内应力而脱落。

(2) 特殊介质腐蚀磨损　在摩擦力的作用下，金属表面与酸、碱、盐等特殊介质发生化学反应，形成化合物脱落的现象。

6. *微动磨损*

模具工作过程中，在轴类零件与孔类零件装配的接触开始处产生轻微循环往复运动产生的磨损，如图 1－15 所示，兼有氧化磨损、磨粒磨损和黏着磨损的特征。

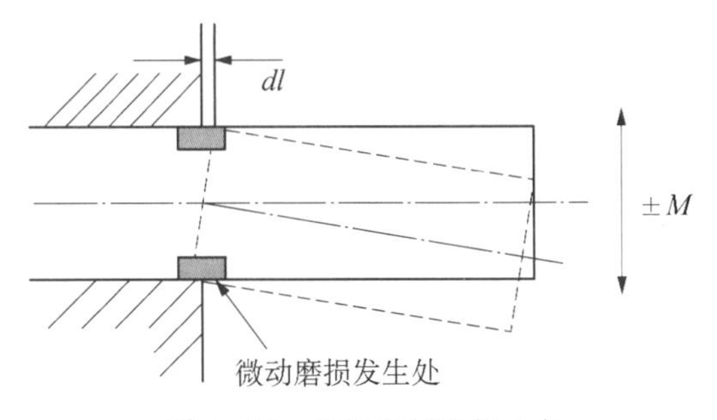

图 1－15　微动磨损机制示意

7. *磨损的交互作用*

在模具的实际工作中，模具与工件(或坯料)相对运动时，摩擦磨损情况很复杂，磨损一

般不只是以一种形式存在，往往是多种形式并存，并相互促进。图 1－16 表示了模具磨损几种形式之间的关系。

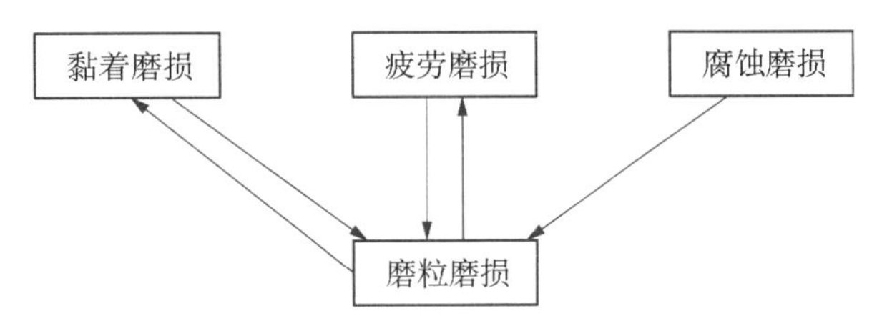

图 1－16　磨损的交互作用

模具与坯料表面产生黏着磨损后，部分材料脱落形成磨粒，进而产生磨粒磨损。磨粒磨损出现后，模具表面变得更粗糙，又进一步加重黏着磨损。

模具出现疲劳磨损后，出现磨损后的磨粒，造成磨粒磨损。磨粒磨损使得模具表面出现沟痕、粗化，加重了黏着磨损和疲劳磨损。

模具出现腐蚀磨损后，将产生磨粒磨损，进而产生黏着磨损和疲劳磨损。

二、断裂失效

模具在工作中出现较大裂纹或分离为两部分或数部分而丧失正常服役能力的现象，称为断裂失效。模具断裂表现为局部掉块和整个模具断裂成几大块，如图 1－17 所示。

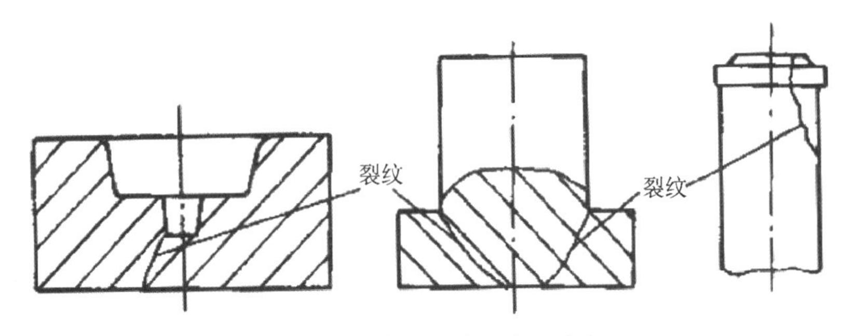

图 1－17　断裂的常见表现形式

1. 断裂分类及其特征

断裂对模具来说是最严重的失效形式，它是各种因素产生的裂纹扩展的结果。根据不同的出发点，断裂有如下几种分类方法。

① 按断裂性质分：塑性断裂、脆性断裂。

② 按断裂路径分：沿晶断裂、穿晶断裂、混晶断裂。

③ 按断裂机理分：一次性断裂、疲劳断裂。

还有其他分类方法，见表 1－2。

模具材料多为中、高强度钢，断裂的性质多为脆性断裂。本节将按第一种分类方法，讨论模具的脆性断裂。

脆性断裂是指断裂时不发生或发生较小的宏观塑性变形（小于 2%～5%）的断裂。断裂前的变形量较小，没有明显的塑性变形，断裂过程中吸收能量小。脆性断裂一般发生在高强度

表 1-2　断裂分类及其特征

分类方法	名称	拉伸时断裂情况	特　　征
断裂类型	脆性断裂		断裂时没有显明的塑性变形 断口形貌是光亮的结晶状
	韧性断裂		断裂时有塑性变形 断口形貌是暗灰色纤维状
断裂形式	穿晶断裂		裂纹穿过晶粒内部
	晶界断裂		裂纹沿晶界发展

或低延展性、低韧性的金属和合金上；低温、厚截面、高应变率(如冲击)，或有缺陷、较好延展性的金属也会发生脆性断裂。脆性断裂包括一次性断裂和疲劳断裂。

(1) 一次性断裂　一次性断裂是指在承受很大变形力或在冲击载荷的作用下，裂纹产生并迅速扩展所造成的断裂。其断口为结晶状。

按裂纹扩展路径的走向，一次性脆性断裂可分为穿晶断裂和沿晶断裂两种类型。

① 穿晶断裂。穿晶断裂是一种因拉应力作用而引起的解理断裂。所谓解理断裂是指沿特定晶面的断裂。解理断裂通常是宏观脆性断裂，裂纹发展十分迅速，常常造成零件或构件灾难性的总崩溃。当模具材料韧性差，存在表面缺陷和应力集中、承受高的冲击载荷时，易发生穿晶断裂。断口特征为河流花样，每条支流对应一个不同高度的相互平行的解理面之间的台阶。扩展过程中，众多台阶相互汇合，形成河流花样，如图 1-18 所示。

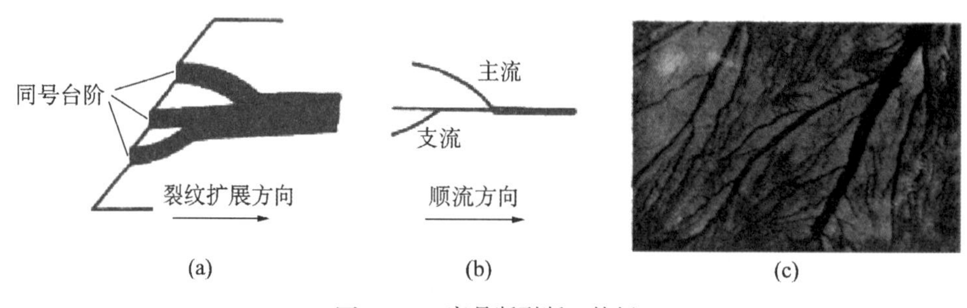

图 1-18　穿晶断裂断口特征

② 沿晶断裂。裂纹沿晶界界面扩展造成的脆断，称为沿晶断裂。一般，晶界键合力高于晶内，只有晶界被弱化时才会产生沿晶断裂。造成晶界弱化的基本原因有 3 个，一是晶界上有脆性沉淀相，AlN 粒子在钢的晶界面上的分布，奥氏体 Ni-Cr 钢中形成的连续网状碳化物；二是晶界有使其弱化的夹杂物，钢中晶界上存在 P、S、As、Sb、Sn 等元素；三是环境因素与晶界相互作用造成的晶界弱化或脆化。

沿晶脆性断裂断口宏观形貌有两类：一是晶粒特别粗大时，形成石块或冰糖状断口；二是晶粒较细时，形成结晶状断口。沿晶断裂的结晶状断口比解理断裂的结晶状断口反光能力稍

差，颜色黯淡。

③ 预防措施。提高材料的纯净度，减少有害杂质元素的沿晶分布；严格控制热加工质量和环境温度，防止过热、过烧及高温氧化；减少晶界与环境因素间的交互作用；降低金属表面的残余拉应力，以防止局部3向拉应力状态的产生。

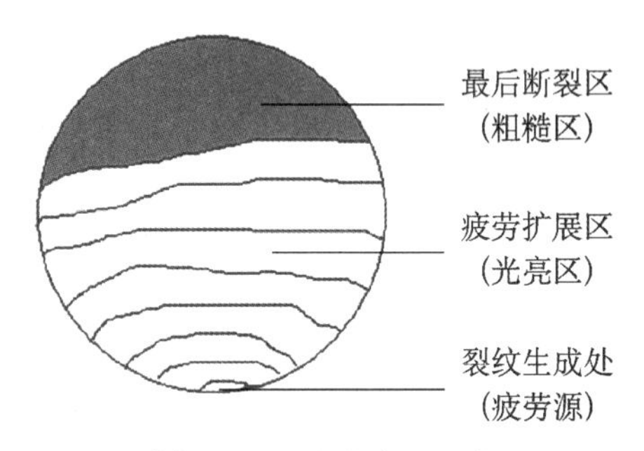

图1-19　疲劳断口示意

(2) 疲劳断裂　疲劳断裂是指模具在循环载荷下服役一段时间后，裂纹缓慢扩展后发生的断裂，其产生的条件为循环应力超出材料的疲劳极限。疲劳断口为纤维状，分为3个区，即粗糙区、光亮区和疲劳源，如图1-19所示。

疲劳断裂的产生包括两个阶段，一是裂纹萌生，二是裂纹扩展。

① 疲劳裂纹萌生。疲劳裂纹总是在应力最高、强度最弱的部位形成，模具的疲劳裂纹萌生于外表面、次表面，但裂纹产生方式各种各样。疲劳裂纹萌生的途径有3种，一是表面不均匀变形萌生裂纹。模具在刀痕、磨损沟痕和尺寸过渡等处易产生应力集中，在载荷的作用下当这些地方的应力超过材料的屈服强度时，就会产生滑移。单调应力下出现的滑移带分布均匀密集，而在循环应力的作用下，滑移带分布极不均匀，且粗大。由于滑移，模具表面形成挤出峰和挤入槽，在峰槽相交处，形成疲劳裂纹的源，在循环应力的连续作用下形成显微裂纹。二是沿晶界萌生裂纹。在高温下，金属晶界强度常常低于晶内强度，在循环应力作用下，滑移带晶界上引起的应变不断增加，在晶界造成位错塞积，促使应力集中，当晶界处应力峰值达到断裂强度时，晶界开裂并形成微裂纹，材料的晶粒尺寸越大，晶内可能形成的位错塞积越长，晶界上的应变量越大，越容易形成疲劳裂纹。三是沿夹杂和第二相微裂纹萌生。模具材料内不可避免存在非金属夹杂物。此外，为了强化金属材料，常常采用第二相。在循环应力作用下，夹杂物与基体之间一边的界面首先发生脱开，在一边界面脱开扩展的同时，另一边的界面也脱开，随后在基体中表面缺陷成核，形成疲劳裂纹。如果夹杂物与基体连接紧密，且易同时参与变形，则不易在界面形成裂纹。硬度高于基体的夹杂物、粗大质点的夹杂物，容易在夹杂物与基体界面上萌生裂纹。

② 疲劳裂纹扩展。疲劳裂纹扩展分为两个阶段，如图1-20所示。第一阶段，裂纹萌生后，在循环载荷的作用下，沿滑移带的主滑移面向模具金属内部扩展，此滑移面的取向与拉应力轴呈45°，当裂纹遇到晶界时，其位向会稍有偏移，但就总的走向来说，仍保持与拉应力轴呈45°。第一阶段的扩展很浅，一般几微米到100 μm左右。第二阶段，也是稳定扩展阶段，当裂纹扩展遇到障碍(如晶界夹杂)，就转向朝垂直于拉应力轴的方向扩展。

2. 影响断裂失效的主要因素

模具的断裂由裂纹萌生及裂纹扩展两个过程产生，能影响这两个过程的因素，也是影响断裂失效的因素。

① 模具表面形状。通常，模具零件存在截面突变凹槽、圆角半径及尖角。这些部位易产生应力集中，形成裂纹并导致断裂。适当增大圆角半径，减小凹模深度及截面突变，避免尖角，降低应力集中，减少断裂失效。

② 模具材料。模具材料的冶金质量及加工质量对断裂失效影响较大，减少夹杂物能减少

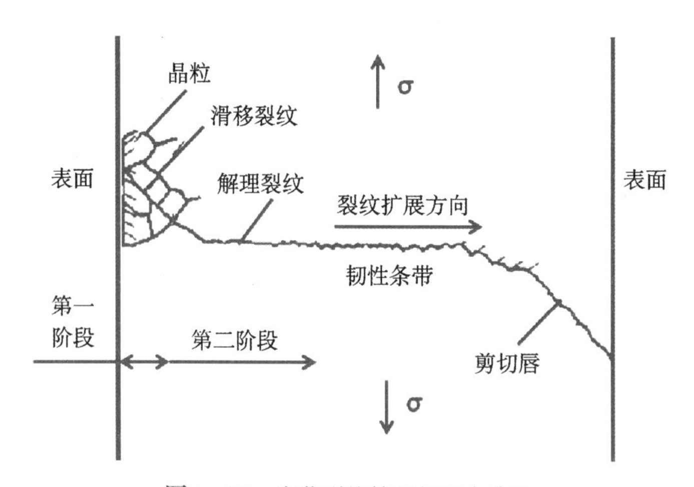

图 1－20　疲劳裂纹扩展的两个阶段

断裂失效。模具材料的断裂韧性高，能有效防止裂纹的产生及降低裂纹的扩展速度，从而减少断裂失效。

改善材料形状结构、减少表面缺陷、提高表面光洁度、表面强化等可提高材料疲劳抗力。

三、塑性变形失效及多种失效形式的交互作用

1. 过量弹性变形失效

模具使用过程中，产生的弹性变形量超过模具匹配所允许的数值，使得成型的工件尺寸或形状精度不能满足要求而不能服役的现象。

2. 过量塑性变形失效

模具在使用过程中，由于发生塑性变形而改变几何形状或尺寸，因而不能通过修复继续服役的现象。塑性变形的失效形式表现为塌陷、弯曲、镦粗等，如图 1－21 所示。

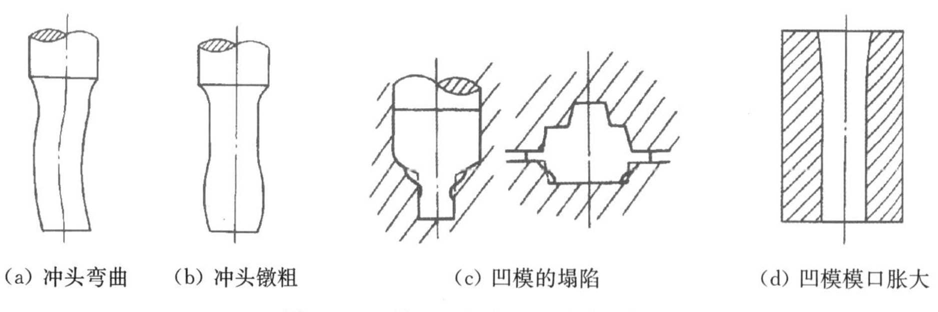

(a) 冲头弯曲　(b) 冲头镦粗　(c) 凹模的塌陷　(d) 凹模模口胀大

图 1－21　模具塑性变形的失效形式

塑性变形的失效机理为，模具在服役时，承受很大的应力，而且一般不均匀。当模具的某个部位所受的应力超过了当时温度下模具材料的屈服强度，就会产生滑移、孪晶、晶界滑移等，进而产生塑性变形，造成模具失效。

在室温下工作的模具的塑性变形，是模具金属材料在室温下的屈服。塑性变形主要由机械负荷及模具的室温强度决定。在高温下服役的模具，其屈服过程在较高温度下进行，是否产生塑性变形，主要取决于模具的工作温度和模具材料的高温强度。

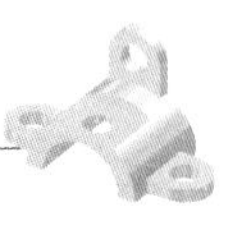

3. 多种失效形式的交互作用

实际工作中，模具的服役条件非常复杂恶劣，一副模具在使用过程中可能出现多种损伤形式，这些损伤相互促进，最后以一种形式失效。

(1) 磨损对断裂及塑性变形的促进作用　磨损沟痕可成为裂纹的发源地。当磨损形成的裂纹在有利于其向纵深发展的应力作用下，就会产生断裂。模具局部磨损后，会带来承载能力的下降以及偏载，造成另一部分承受过大的应力而产生塑性变形。

(2) 塑性变形对磨损和断裂的促进作用　局部塑性变形后，改变了模具零件间正常的配合关系，如模具间隙不均匀、间隙变小，必然造成不均匀磨损，磨损速度加快，进而促进磨损失效；同时，塑性变形后，模具间隙不均匀、承力面变小，会带来附加的偏心载荷以及局部应力过大，造成应力集中，并由此产生裂纹，促进断裂失效。

1.3.3　模具失效形式汇总

(1) 磨损　特征为刃口变钝或出现弧状、工作面凹凸不平或拉伤、刃口硬度下降、工作尺寸变小超差；原因为热处理淬火、回火不当、磨削工艺不当、表面渗层异常等；常采取的对策为精化热处理工艺、合理磨削、正确选用化学热处理工艺。

(2) 断裂　多产生在刃口及工作面处，特征为截面变化应力集中，断口平齐、晶粒色异；原因为设计不合理、模具及冲床调整不当、操作不慎、热处理不当等；常采取的对策为改进设计、防止应力集中、调整冲床及模具、严守工艺、改进热处理工艺、谨慎操作。

(3) 变形　表现为工件尺寸超差未达到图纸要求、模具间隙明显变化、影响正常冲压、啃刃口；原因为模具选材不当、热处理及回火不当、磨削及冲压应力不当；常采取的对策为合理选材、改进热处理工艺、充分回火、磨削后及服役中补充回火。

(4) 掉块　表现为刃口磨损掉块、工件损坏或严重毛刺拉伤；产生的原因为操作不当、模具间隙调整不当、硬度不当等；需正确操作、调整模具及冲床、改进热处理工艺。

(5) 其他方面　型腔及工作面粗糙度上升、表面斑点、麻面等、表面疲劳龟裂、严重氧化；产生原因为模具选材不当、化学处理不当、热处理工艺不当、使用不当等；常采取的措施为改进模具用材、正确化学热处理、改进热处理工艺、严守操作工艺、正确使用模具等。

1.4　模具各类失效形式对模具材料的性能要求

模具在一定机械载荷、环境介质和热负荷的作用下，工作一定周次后，会发生表面磨损、断裂和过量变形失效。任何模具都是用一定的材料制造的，模具的失效，实质上是在特定负荷作用下、具有特定形状的模具材料的失效。

材料抵抗某种失效的能力称为材料的失效抗力。不同的性能指标反映材料对不同形式失效的抵抗能力。应通过失效分析，找出造成失效的主要原因，并在此基础上找出能正确评价材料失效抗力的性能指标，得出相应的材料性能要求。根据模具的服役条件和失效形式特点，选用最合适的模具材料成分和组织，制定相应的工艺路线，制造出既安全可靠，又成本合理，同时满足模具使用寿命的模具。

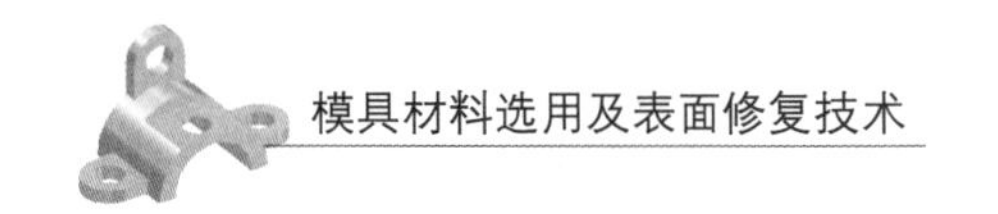

1.4.1 磨损失效对材料的性能要求

一般情况下，承受冲击的模具，其磨损在低应力和高应力之间，此时要求材料有高的硬度、较好的韧性。当硬度超过 40 HRC 时，只有提高材料的韧性才能进一步提高其耐磨性。为提高材料的耐磨性，在增强模具基体强韧性的同时，可对其表面进行强化处理，如渗碳、渗氮、氮碳共渗、化学热处理、表面淬火等。

对于模具的黏着磨损，应选用不易与坯料黏着的模具材料，同时采用适当的热处理工艺提高材料的压缩屈服点，以减少模具材料与坯料原子间的结合力。渗碳、氮碳共渗等表面处理能使模具表面形成牢固的化合物层或非金属层，避免金属原子间直接接触，并且摩擦因子降低，防止黏着，尤其对高温下和不可能充分润滑的模具很有效果。渗氮、氮碳共渗、氮碳硼复合渗等化学热处理，既能提高模具表面硬度，又能降低模具材料与坯料金属间的结合力，对减轻黏着磨损很有意义。

对于塑料模具，为提高其耐腐蚀性能，可采用表面电镀铬、化学镀或直接选用不锈钢；对于热作模具，为提高其抗氧化性，可对其进行渗铬或渗铝处理；对于压铸模，为了提高其抗腐蚀性、抗黏模性，可对其进行涂层处理、渗氮处理和氮碳共渗。

气蚀磨损是热作模具特有的磨损形式。模具工作过程中，会产生大量气体，瞬间产生很高的压力，该压力作用于模具表面并对表面产生冲刷作用。在高温高压气体的反复冲刷下，模具表面会产生不规则的气蚀磨损沟痕，不仅影响模具的尺寸精度和表面质量，也可能成为疲劳断裂的裂源。用不易燃烧的冷却润滑介质和添加剂，可有效防止气蚀磨损。

接触疲劳磨损是模具在承受冲击时，工作表面的某些区域受较高接触应力(两物体在压力作用下相互接触时，由于接触表面处的局部弹性变形所产生的应力)的循环往复作用，经过一定的周次后，在这些区域中产生深度不同的小片或小块状剥落，造成表面出现针状或豆状凹坑(麻点)，又称点蚀、疲劳磨损，严重损害模具的表面质量，并将导致模具的疲劳断裂失效。由于接触疲劳与循环接触应力和摩擦磨损有关，影响疲劳强度和磨损抗力的因素对接触疲劳强度也有类似影响，主要因素是材料的硬度和组织状态、模具的表面粗糙度和润滑条件等。为了提高材料的接触疲劳强度，就应保证材料具有适当高的硬度，材料热处理后须达到 58～62 HRC。对采取表面强化处理的模具，表面强化层应有一定的深度，以防止表层压碎和次表层裂纹，心部应有足够的硬度(35～40 HRC)。同时减少模具表面冷热加工缺陷、降低表面粗糙度值，可以有效缓解接触疲劳磨损。所以，对模具表面进行精磨、抛光和表面综合强化处理可提高其接触疲劳抗力。最后，提高润滑油的黏度，在润滑油中加入某些添加剂，使其在接触表面形成不易破坏的油膜，也可降低接触疲劳磨损。

预防微动磨损，应在选材、设计、工艺上采取相应措施。在材料选用上，应尽量避免选用相同的配合材料，并考虑材料对微动磨损的敏感性。在设计上，要防止过渡配合模具零件间的松动，如增加配合压力、提高加工精度等，尽量减少过渡配合处的应力集中，在过渡配合附近开设圆滑过渡的卸荷台阶和卸荷槽等。在工艺上，采用表面滚压、挤孔等表面形变强化处理，采用渗碳、渗氮、氮碳共渗、渗硫等改变表面层成分和性能的表面处理，以提高抗咬蚀能力。

1.4.2　断裂失效对材料的性能要求

模具断裂失效是模具的工作应力超过了模具材料的相应性能要求。模具承受的载荷或应力不同，对模具材料的性能要求也不同。

1. 一次断裂(快速断裂)对材料的性能要求

模具的快速断裂可分为脆性断裂和塑性断裂，在多种工作条件下都有可能发生，如静载荷或冲击载荷、高温或室温、表面光滑或有缺口或有裂纹、有腐蚀介质或无腐蚀介质等。模具的工作条件不同、快速断裂方式不同，对材料性能要求不同。

根据断裂面对应力的取向，将快速断裂分为正断和切断。断口的宏观表面平行于最大正应力或最大正应变方向的断裂，称为正断；断口的宏观表面平行于最大切应力方向的断裂称为切断。材料抵抗正断的能力叫做正断抗力，可以用 S_k表示；材料抵抗切断的能力叫做切断抗力，可以用 T_k表示。材料抵抗塑性变形的能力，实质上是剪切屈服强度，可以用 T_s表示。在外载荷的作用下，模具危险点处的最大切应力用 T_{max}表示，最大正应力用 σ_{max}表示，并且随着外载荷的增加，也成比例地增加。那么，材料的断裂有下列3种情况。

① 当载荷增大，使得 $\sigma_{max} > S_k$，而自始至终 $T_{max} < T_s$ 时，材料发生正断，断裂前无塑性变形，是脆性断裂。

② 当载荷增大，先使 $T_{max} > T_s$，继而使 $T_{max} > T_k$，而自始至终 $\sigma_{max} < S_k$ 时，材料先发生塑性变形，继而发生切断，是韧性断裂。

③ 当载荷增大，先使 $T_{max} > T_s$，继而使 $\sigma_{max} > S_k$，然而 $T_{max} < T_k$ 时，材料先发生塑性变形，继而发生正断，这种正断是韧性断裂。

(1) 脆性断裂对材料的性能要求　脆性断裂一般在应力较低的情况下突然发生，又称低应力脆断，事先没有明显的征兆，危害性最大。模具一般发生脆性断裂时，同时造成灾难性的破坏。脆性断裂对材料的性能要求如下：

① 材料的性质和健全度。在单独增加载荷的作用下，材料还没有发生宏观的塑性变形就发生了正断，这种断裂就是脆性断裂。因而，当材料的正断抗力 S_k 低而剪切屈服强度 T_s高时，脆性断裂发生的倾向大；相反，则不易发生脆性断裂。

② 应力状态的软性系数 α。一般情况下，只有切应力才可能使金属材料产生塑性变形，而拉成力增大时则易使材料脆性断裂。根据应力状态理论和强度理论，求出受载模具任一危险点上的最大正应力 σ_{max}和最大切应力 T_{max}。因此，σ_{max}和 T_{max}的相对大小 α($\alpha = \sigma_{max}/T_{max}$，叫做应力状态的软性系数）体现使材料发生韧性断裂或脆性断裂的倾向性。α 值越大，表示应力状态越软，使材料发生韧性断裂的倾向越大；反之，应力状态就越硬，使材料倾向于脆性断裂。

在单向压缩 ($\alpha = 2$)，尤其是有侧压的情况(即3向不等压缩）下，材料易于发生塑性变形。扭转($\alpha = 0.8$)时的脆性断裂倾向较小；单向拉伸($\alpha = 0.5$)次之；在材料承受3向不等拉伸时，发生脆性断裂的可能性最大。

在材料的各种缺陷部位、表面缺口处等，都会产生应力集中，并造成3向不等拉伸使材料处于硬性应力状态，因而增大了脆性破坏的可能性。

③ 材料的冷脆。体心立方晶格的金属材料在工作温度降低过程中，存在一个韧-脆转变温度，这时，材料处于脆性状态，在断裂以前不会产生塑性变形，产生低温脆性，称为冷脆现象。面心立方晶格的金属材料一般无冷脆现象。

(2) 对无裂纹材料的性能要求　对于中、小截面尺寸的中、低强度材料，一般可以认为是均匀连续的，没有宏观裂纹存在，即使有微小裂纹，对断裂过程也不产生重要影响。这类材料只要合理选择材料的常规力学性能指标，并满足模具的工作要求即可。

模具在静载荷或冲击载荷的作用下，断裂失效的主要原因是材料的强度不足，同时与塑性和韧性有关。为了防止脆性断裂，必须根据模具的工作条件，尤其是危险截面处的应力状态，提出关于材料的强度和塑性、韧性的合理选用要求，并由此指导选材。实际上，材料的强度和塑性、韧性之间往往是相互矛盾的，如淬火回火的模具钢随着回火温度的变化，其强度和塑性、韧性的变化趋势相反。为了提高塑性、韧性，就得降低一部分强度。因而合理的强度、塑性、韧性配合，要根据经验，由模具的工作条件、结构特点等来决定。一般情况下，随着过载水平的降低、应力状态的变软、截面尺寸的减小、应力集中的缓和，材料抵抗断裂的性能要求为高强度；反之，则要求高塑性。显然，要求很高强度和很高韧性的模具只有采用昂贵的材料和复杂的强化工艺才能满足。

凸模在工作过程中主要承受压缩和弯曲载荷，所以凸模的材料性能要求是较高的抗压强度和抗弯强度。整体式成型凹模还受切向拉应力作用，其模具材料还要求有较高的抗拉强度。为了防止脆性断裂，除了上述的强度要求，材料还应具有一定的塑性和韧性。一般情况下，强度相同的材料，塑性和韧性越高，越不容易断裂。塑性低的模具材料，常采用弯曲试验测定的抗弯强度和挠度作为断裂的性能指标，抗弯强度和挠度越大，越不容易断裂。

冲击韧度 α_k 值也是模具材料抵抗断裂的重要性能要求，不仅反映了材料断裂过程中吸收能量的大小，也包含了加载速度和缺口应力集中对材料抵抗断裂的影响。尤其对承受较大冲击载荷的模具，α_k 值是定性地评价材料抵抗脆性断裂的性能要求。

(3) 对含裂纹材料的性能要求　当材料内部已有裂纹存在时，抵抗快速断裂的能力取决于裂纹尖端附近的应力场强度和材料的断裂韧度。快速断裂往往是材料中宏观裂纹的快速扩展造成的，裂纹可能是在使用过程中形成的，可能是材料的冶金缺陷引起的，也可能在加工过程中产生。

模具材料的强度很高或模具的截面尺寸很大时，发生裂纹失稳扩展快速断裂的倾向较大。因为截面尺寸大，可能包含的裂纹缺陷就多，而且易造成硬性的平面应变状态，材料的塑性不能发挥作用，裂纹前沿的应力场强度大；材料的强度高，其塑性和断裂韧度往往较低，较小的裂纹尺寸就能导致快速断裂。因此，在这两种情况下，模具材料的性能要求还包括一定的断裂韧度。

(4) 应力＋腐蚀断裂对材料的性能要求　某些模具在工作中会和腐蚀介质接触，在拉应力和腐蚀介质的共同作用下，经过一段时间后可能会发生断裂。

金属材料仅在某些特定的腐蚀介质中才发生应力腐蚀断裂。对奥氏体不锈钢，其特定的腐蚀介质为氯化物溶液、H_2 溶液、NaOH 溶液等；对马氏体不锈钢，为氯化物、工业大气、酸性硫化物等；对黄铜，为氨溶液等；对高强度钢，为氯化物溶液或水。

2. 疲劳断裂对材料的性能要求

通常情况下，模具是周期性重复工作的，其载荷是随时间而变化的变动载荷，模具承受循环应力的作用。

$\sigma_b \leqslant 1\,300$ MPa 的中低强度钢和铸铁材料，疲劳曲线出现水平线部分，当 σ_{max} 低于一定值时，试样可以无限次运转而不发生断裂。这个一定的应力值，称作材料在对称循环应力作用下的疲劳极限或疲劳强度，记作 σ_{-1}。要减小疲劳断裂的倾向，就要求材料有较高的疲劳极限 σ_{-1}。

对钢，通常情况下，当其 σ_b 低于某一值时，其疲劳极限 σ_{-1} 随 σ_b 的提高而提高，并有以下经验关系：

① $\sigma_b \leqslant 1\,300$ MPa(硬度约小于 40 HRC) 的钢，$\sigma_{-1} \approx 0.5\sigma_b$。

② $\sigma_b > 1\,300$ MPa 的钢，σ_{-1} 不再与 σ_b 保持线性关系，$\sigma_{-1} < 0.5\sigma_b$ 并且数值比较散乱。

③ $\sigma_b > 1\,600$ MPa (硬度约大于 48 HRC)的高强度钢，塑性对疲劳强度显示较大作用，强度相同而塑性较高的钢，疲劳强度也高，经验公式为

$$\sigma_{-1} \approx 0.25(1 + 1.35\Psi)\sigma_b,$$

式中，Ψ 是材料的断面收缩率。

对于灰铸铁和球墨铸铁，$\sigma_{-1} \approx 0.5\sigma_b$。

材料本身的化学成分、组织状态和内部缺陷，是影响材料疲劳强度的内因。在一定强度范围内，疲劳极限和抗拉强度关系较大，提高疲劳极限也可以用提高抗拉强度的合金化和热处理手段。对于高强钢，还需提高塑性才能继续提高疲劳极限。钢的合金化和热处理，本质上是通过改变钢的微观组织结构来提高疲劳强度。钢中的非金属夹杂物和锻造流线露头的地方，容易产生疲劳裂纹而降低疲劳强度。因此，需要较高疲劳强度的模具，需选用精炼的模具钢材并合理锻造。

1.4.3　过量变形失效对材料的性能要求

模具材料受到力的作用就会变形。根据钢的应力应变曲线，首先发生弹性变形，当模具某部位的应力值大于材料的屈服强度时，开始产生塑性变形。模具的弹性变形是不可避免的，但其弹性变形量不能超过模具允许的精度值。模具不允许出现塑性变形，最多只允许有局部的微小塑性变形。当模具的弹性变形量超过了允许值或发生了较明显的塑性变形时，就会导致模具生产的产品不符合设计要求或使模具不能正常工作，即发生了过量变形失效。显然，弹性变形和塑性变形的性质不同，对材料的性能要求也不同。

1. 弹性变形对材料的性能要求

为防止模具零件发生过量弹性变形，模具材料需要有较大弹性模量 E 和切变模量 G，即使材料产生单位正应变和单位切应变所需的正应力和切应力的大小。材料的 E 或 G 越大，相同载荷作用下产生的弹性变形越小，越不容易发生过量弹性变形失效。

金属材料的弹性模量和切变模量对材料组织结构的变化不敏感，主要与材料基体原子本身的性质有关。材料的合金化、热处理、冷变形等强化手段，对弹性模量和切变模量的影响很小。而温度升高，原子结合力减小，弹性模量和切变模量降低。因此，要减少模具的弹性变形，只能通过合理设计模具的截面形状、尺寸，并提高模具结构刚度来实现。

2. 塑性变形对材料的性能要求

模具发生塑性变形的根本原因，在于外加载荷作用下模具整体或局部产生的应力值大于模具材料的屈服点 σ_s。发生塑性变形失效的内因，是模具材料本身的屈服强度不高、热处理不当而未能发挥材料的强度潜力；外因，是操作不当或者意外因素引起的超载。

冷作模具钢的含碳量一般较高，且在淬火和低温回火状态使用，塑性较低、脆性较大，压缩试验更接近模具的实际工作条件，其性能数据与冲头工作时所表现出来的塑变抗力基本吻合，适宜用压缩试验测定其压缩屈服点。

热作模具的工作温度一般较高，要减小此类模具的塑性变形，不仅要求模具材料在室温下有较高的屈服强度和回火抗力，同时要求高温下也有较高的屈服强度。通常，随着温度的升高，材料的屈服点下降。当模具的工作温度高于模具材料回火温度时，材料发生回火转变，大幅度降低其屈服强度。若模具工作表面受热软化时，在外载荷和摩擦力的作用下，会产生表面层的塑性流变，产生鱼鳞状塑变花纹。

模具材料的硬度在一定范围内与该材料的抗压屈服强度成正比，所以较高的硬度(包括高温下的硬度)也能提高材料的抵抗塑性变形的能力。但是，具有相同硬度的不同材料，抗压屈服强度并不相同。因为屈服强度要比硬度对材料的组织状态敏感，不同材料的成分和组织不同。常见的冷作模具用钢 W18Cr4V、Cr12MoV、Cr6WV 等，经淬火回火后硬度都是 63 HRC 时，其抗压屈服强度逐次降低。

1.4.4 多种形式失效的模具对材料性能的要求

实际工作过程中，模具的服役条件非常复杂。同一类模具会有多种失效形式，即使一副模具也可能出现多种失效。在进行模具失效分析时，需根据具体情况，找出影响模具失效和寿命的主要因素，提出对材料失效抗力的主要要求和附加要求，再采取相应措施，才能有效地解决模具的寿命和失效问题。

1. 主要失效形式分析

发生的概率较大且寿命较短的最严重的失效形式，即为主要失效形式。比如，同一种冷冲模冲头，有的可能以塑性变形而失效，有的可能出现严重的磨损，有的可能发生断裂，而且有不同的裂源部位和特点。要进行模具失效分析，首先应了解在这一批模具中各种失效形式所占的比例，以及每一种失效的寿命上、下限和平均值，以此来确定主要失效形式；然后找出发生这一主要失效形式的原因，并据此合理选用材料和热处理工艺，同时采取其他相应预防措施，以阻止或推迟这种失效，提高模具的平均寿命。

当主要失效形式推迟发生以后，其他失效形式可能先行发生，成为新的主要失效形式。此时，需要重复上面的工作过程，进一步采取另一套防护措施予以解决。在找出主要失效形式的同时，也能找出非主要失效形式产生的原因，并且所采取的防护措施在解决主要矛盾的同时，也能解决其他失效问题，进一步推进模具寿命的提高。

2. 表面磨损导致断裂失效的分析

一副模具可能同时发生多种形式的表面磨损，如同时发生磨损和热疲劳裂纹等。各种表面磨损之间的交互作用又促进磨损的积累和发展，如磨损沟痕可成为热疲劳裂纹或接触疲劳裂纹的发源地，热疲劳和接触疲劳又使模具表面的粗糙度值大幅增加，又进一步加剧磨损。这

些磨损相互影响，促使模具的表面磨损失效。表面损伤常常导致模具的一次断裂和疲劳断裂。因而在分析模具断裂失效的原因时，应该先判断有哪些表面损伤参与了模具的断裂过程，以及对断裂是否起主导作用。例如，在分析模具的疲劳断裂时，如果确认疲劳裂纹总是起源于磨损沟痕处，则磨损就是引起疲劳断裂的主要原因，提高材料的耐磨性就是防止疲劳失效的主要措施。相反，如果疲劳裂纹并不一定萌生于磨损沟痕处，则需要另找其他原因。又如，挤压冲头，其塑性变形可引起冲头受力状态的变化，因而导致折断失效。这时，应先着手提高材料的塑变抗力，才能解决其断裂问题。对于热作模具的断裂失效，要注意了解热疲劳、热磨损、内应力等因素对断裂的影响。一般热作模具的机械负荷并不很大(除锤锻模外)，由温度变化引起的热应力较大，且当表面层发生继续回火转变时，又叠加有组织应力。在较大的内应力作用下，模具可能先萌生表面裂纹，最终导致断裂失效。如果确定断裂起源于热疲劳裂纹，则提高材料的热疲劳抗力才能有效地防止断裂失效；相反，则需要另找其他原因。

1.5　各类模具常见的失效形式及各类模具钢的性能要求

1.5.1　各类模具常见的失效形式

由前两节可知，模具失效的基本形式有断裂(开裂、破碎、崩刃、剥落、掉块等)、磨损、塑性变形、疲劳、咬合等。模具种类多，结构千差万别，模具服役时的工作条件也不同，即使同一类模具也有明显的差异，模具失效形式各不相同。进行模具失效分析之前，应了解各类模具常见的失效形式，见表1-3。

表1-3　各类模具常见的失效形式

模具类别	模具名称	常见失效形式
塑料模具	热塑性塑料注射模具	塑性变形、断裂、磨损
	热固性塑料压缩模具	表面磨损、吸附、腐蚀、变形、断裂
冷作模具	冷冲裁模具	磨损、崩刃、断裂
	冷拉深模具	磨损、咬合、划伤
	冷镦模具	脆断、开裂、磨损
	冷挤压模具	挤裂、疲劳断裂、塑性变形、磨损
热作模具	热切边模具	磨损、崩刃
	热挤压模具	断裂、磨损、塑性变形、开裂
	热锻模具	冷热疲劳、裂纹、磨损、塑性变形
	热镦模具	断裂、磨损、冷热疲劳、堆塌
压铸模具	有色金属压铸模具	热疲劳破坏、黏附、腐蚀
	黑色金属压铸模具	热疲劳破坏、塑性变形、腐蚀

1.5.2 塑料模具钢的性能要求

塑料件生产一般是塑料在模具型腔中完成成型，需要经过流动、保压和冷却3个阶段。塑料模具成型过程中，如果被加工制品是具有腐蚀性的物质，材料就需要耐蚀的性能。此外，模具还要承受各种应力的作用，会产生变形和疲劳等失效现象。

1. 塑料模具钢的使用性能要求

塑料模具在使用过程中，主要受注塑力、压塑力、锁模力及热应力的作用。同时，还要受到急冷急热的周期性作用。因此，塑料模具钢的使用性能要求主要有以下几个方面：

（1）具有一定的耐热性和耐蚀性　在工作过程中，不断承受高温液态塑料的填充、流动和冲刷作用，模具型腔承受高温作用或腐蚀介质作用，因此，塑料模具钢需要有耐热性和耐蚀性。金属材料的耐热性包括热稳定性和耐回火性。

（2）表层具有高硬度和较高的耐磨性　通常情况下，大多数塑料模具型腔表面的硬度在40～60 HRC之间，以满足塑料模具型腔表面高硬度和足够的硬化层的要求。由于塑料的填充、流动和冲刷作用，塑料模具型腔要承受较大的摩擦力作用。因此，塑料模具钢需要有较高的耐磨性，以确保塑料模具的尺寸精度和几何形状的稳定性，减少失效，提高使用寿命。高硬度是塑料模具钢高耐磨性的根本保证。

（3）心部具有足够的韧性和强度　塑料模具心部足够的韧性和强度是模具不发生早期脆断和变形的根本保证。

2. 塑料模具钢的工艺性能要求

塑料件一般形状复杂、表面精度要求高，所以塑料模具的形状一般比较复杂、型腔表面要求有较低的表面粗糙度，对原材料的金相组织要求也较高。因此，塑料模具钢的工艺性能是影响塑料模具制造成本和质量的重要因素，塑料模具钢的工艺性能要求主要有以下几个方面：

（1）良好的可加工性　大多数塑料模具，除特种加工外，还需要一定程度的切削加工和钳工修配。因此，需要塑料模具钢具有良好的可加工性。

（2）良好的冷挤压成型性　对于某些需要经过冷挤压成型的塑料模具，所选用的塑料模具钢需要经过退火处理，因而硬度低、塑性好、冷变形力小，以便于塑料模具钢冷挤压成型。

（3）较高的淬透性　大多数塑料模具钢要求经过热处理后具备足够的硬化层深度，心部具备足够的强韧性，以保证塑料模具具有足够的刚度，避免塑料模具发生脆断和塑性变形。

（4）良好的纯净度和组织均匀性　塑料模具钢中的杂质和缺陷越少，经热处理后组织分布越均匀，越能保证塑料模具获得均匀一致的性能。同时，塑料模具钢中杂质少，组织细小均匀，也有利于抛光加工，保证塑料模具较高的表面精度要求。

1.5.3 冷作模具钢的性能要求

1. 冷作模具钢的使用性能要求

冷作模具在常温下压力加工，使用过程中主要承受拉伸、压缩、弯曲、冲击、摩擦等机械力作用。因此，冷作模具钢的使用性能要求主要有以下几个方面：

（1）高强度　冷作模具在工作过程中，被加工材料的变形力较大，模具受到较高的挤压、弯曲、剪切和摩擦力的综合作用。为了保证冷作模具正常工作，冷作模具钢必须具有高强度。

(2) 较高的硬度和耐磨性　一般，要求冷作模具钢的硬度高于被加工工件材料硬度的 30%～50%，多数冷作模具钢的硬度值控制在 52～62 HRC 之间，保证冷作模具在工作过程中抗压、耐磨、不变形等。影响冷作模具耐磨性的主要因素是钢的硬度和金相组织。模具经热处理后的金相组织是细小针状回火马氏体(或下贝氏体)和分布均匀的、细小的粒状碳化物。

(3) 一定的韧性　厚板冲裁模在工作过程中需要承受较大的冲击载荷，此类模具应选用具有高韧性的冷作模具钢；而薄板冲裁模在工作过程中承受的是小能量多次冲击载荷的作用，模具常见的失效形式是疲劳断裂，此类模具的韧性不需要太高，可以选择高强度和具有一定韧性的冷作模具钢。

(4) 较高的抗咬合性　咬合是指金属材料在拉伸受力流动成型过程中，润滑油膜在高压摩擦下遭受破坏，被拉伸件的部分金属"冷焊"在模具型腔表面的现象。如果拉伸过程继续，将增加成型工件的表面粗糙度值或出现划痕，严重时将无法继续拉伸。

影响抗咬合性的主要因素有被成型材料的性质、模具材料及润滑条件等，如镍基合金、奥氏体不锈钢等具有较高的咬合倾向，模具表面氮化或镀硬铬并抛光，可有效地提高拉深模的抗咬合性。

(5) 较高的抗疲劳性能　冷作模具一般是在周期性循环载荷作用下逐渐发生疲劳破坏，因此，冷作模具钢需要具有较高抗疲劳性能。一般来说，导致冷作模具产生疲劳破坏的原因有模具表面粗糙，有微小刀痕；模具表面在热处理后有脱碳现象，有带状或网状碳化物，晶粒粗大等。

2. 冷作模具钢的工艺性能要求

工艺性能主要影响冷作模具制造成本和质量。冷作模具钢的工艺性能要求主要有以下几个方面：

(1) 良好的可加工性　冷作模具钢锻造后一般要预备热处理以获得良好的加工性能。对于一些表面质量要求高的冷作模具，可选用易切削模具钢。

(2) 良好的可锻性　冷作模具钢应具备热锻变形力小，塑性好，锻造温度范围较宽，锻裂、冷裂及析出网状碳化物的倾向小等优点，以获得较高的锻造质量。

(3) 良好的磨削性能　为了保证冷作模具获得较小的表面粗糙度值和较高的尺寸精度，冷作模具需要磨削加工。冷作模具钢应具备良好的磨削性能，具体体现为对砂轮质量及冷却条件不敏感，磨削时冷作模具钢不易产生磨伤和龟裂。

(4) 良好的热处理工艺性能　一般情况下，冷作模具都要经过淬火和回火处理，热处理工艺性能的优劣对冷作模具的质量影响很大，具体要求为冷作模具钢在热处理过程中变形小、淬火温度范围宽、过热敏感性小、晶粒长大倾向小、氧化与脱碳敏感性低、淬火变形或开裂倾向低等。

(5) 足够的淬硬性、淬透性及回火稳定性　保证冷作模具钢能在较缓慢的冷却介质中淬火硬化，而且淬火后能获得均匀的和较深的硬化层，模具能在连续的工作中不因温度升高而软化。

1.5.4　热作模具钢的性能要求

热作模具的工作条件比较恶劣，一般是在反复急冷急热状态下，承受较大的复杂应力及模具型腔与炽热金属之间的摩擦力作用。热作模具的型腔表面容易产生热疲劳裂纹及磨损，降低模具精度。

1. 热作模具钢的使用性能要求

热作模具主要受到急冷急热的反复作用，同时还承受压缩、拉伸、弯曲、冲击、摩擦等机械力的作用。因此，对热作模具钢的使用性能要求主要有以下几个方面：

（1）良好的热硬性和耐磨性　热硬性是指热作模具钢在一定的高温状态下，保持硬度、组织稳定及抗软化的能力，是重要的性能要求。在高温下保持高硬度，也是热作模具钢具有高温耐磨性的重要保证。

（2）足够的硬度和韧性　通常情况下，热作模具钢的硬度在 42～50 HRC 之间。足够的韧性可保证热作模具不易开裂。

（3）较高的热疲劳强度　在工作过程中，热作模具反复地承受急冷急热的作用，型腔表面会产生网状裂纹（龟裂），这种现象叫做热疲劳。热疲劳现象是热作模具失效的主要表现之一，因此热作模具钢具备较高的热疲劳强度是基本要求。

（4）良好的导热性　高温下工作的热作模具，必须降低表面温度，减小模具内外温差。因此，热作模具钢必须具有良好的导热性，以避免影响热作模具的力学性能，降低热作模具的尺寸精度。

2. 热作模具钢的工艺性能要求

热作模具原材料成本较高，工作环境比较复杂恶劣，因此，热作模具钢的工艺性能是影响其制造成本和质量的重要因素。热作模具钢的工艺性能要求主要有以下几个方面：

（1）良好的热加工性和冷加工性　热作模具钢应具备良好的热处理性能、可锻性、可加工性、磨削性能等，以降低制造成本，保证质量。

（2）较高的抗氧化性和耐蚀性　热作模具在高温状态下工作，尤其是受热较多的压铸模，因此，热作模具钢不仅要具有较高的抗氧化性，还要具备抵抗高温液态物质对型腔的冲刷和腐蚀的能力。

（3）高淬透性和高回火稳定性　为保证热作模具在高温下的高温强度和高温硬度不降低，要求热作模具钢具有高回火稳定性。同时，热作模具的尺寸一般都比较大，如热锻模。为了保证热作模具的整个截面获得均匀一致的力学性能，如韧性，要求热作模具钢具有高淬透性。

1.6　模具失效分析及模具材料选用原则

1.6.1　模具失效分析

1. 模具失效分析的意义

失效分析是通过分析失效原因，研究和采取预防与补救措施的技术和管理活动，再反馈于生产，是质量管理的重要环节之一。

失效分析的目的是寻找材料及相应构件失效的原因，以避免和防止类似事故的发生，并提

出预防或减缓失效的措施。失效分析工作在材料的正确选用，新材料、新工艺、新技术的开发，产品设计、制造技术的改进，材料及零件的质量检查、验收标准的制定、设备操作与维护的改进，促进设备监控技术的发展等方面都有重要作用。

金属材料失效分析涉及多种实验分析技术和交叉学科。实验分析技术包括化学成分、金相、力学性能、电子显微断口分析、X 射线相结构等。学科包括冶金学、金属材料、金属学、金属工艺学、材料力学、断裂力学、金属物理、摩擦学、金属焊接、金属的腐蚀与保护等。

分析已经发生失效的模具，找出造成模具失效的原因。分析失效模具，是制定提高模具寿命的技术方案和采取技术措施的依据，是模具生产、使用和管理的至关重要的环节。

首先要确定模具失效的形式。对单个失效模具，可根据失效模具的具体特征，并参照同类模具常见的失效形式来确定其失效形式；对于一批失效模具(同种)，可先确定失效形式的种类，统计每种失效形式所占的比例及每种失效模具的平均使用寿命，选取比例较大且使用寿命很低的失效形式作为主要分析方向。其次，检查模具的工作条件，判断是否是因模具的工作条件恶化、操作工艺不合理、操作不当引起模具失效。最后，可运用金相分析、硬度测试等分析手段，从模具材料和热处理、模具结构、加工质量等方面找出模具失效的主要原因。

找出造成模具失效的原因后，接下来的任务就是制定提高模具寿命的技术方案及采取技术措施。针对材料方面的原因，应根据模具的服役条件、结构等因素重新选用材料，更好地满足模具的使用性能要求。针对热处理方面的原因，应重新合理地选择热处理方法，制定热处理工艺，避免热处理缺陷、热处理变形的出现。针对模具结构方面的原因，应对模具结构中不合理的部分进行修改，克服结构上的缺陷。针对加工方面的原因，应该修改有关加工工艺，优化加工工艺参数，提高模具的加工质量。针对操作不当或操作工艺方面的原因，应该完善操作工艺，加强对操作者的培训和管理，杜绝类似情况再发生。

2. 模具失效分析的步骤

发生故障的部件、零件虽各不相同，其分析方法与步骤也各有差异，但故障分析的基本步骤却是相通的。机械故障原因分析的通用步骤如下：

(1) 现场调查　主要内容：

① 收集背景数据和工作条件。包括：部件发生故障的日期、时间、工作温度和环境；部件损坏的程度，部件故障发生的顺序；故障发生时的操作阶段；故障件有无反常情况或不正常的响声；对故障部件及其周围邻近部件拍照或画草图；在使用过程中，可能导致故障的任何差错；操作人员的技术水平和对故障的看法。

② 故障现场摄像或照相。对有可能迅速改变位置的故障件及其周围部件，尽快地摄像或拍照。

③ 查阅保存故障件的主要历史资料。

④ 初步检查故障件。

⑤ 故障件残骸的鉴别、保存和清洗。

(2) 分析并确定故障原因和故障机理　主要有：

① 故障件的检查与分析，包括力学性能试验、断口的宏观与微观检查与分析、金相组织检查与分析、化学分析、无损探伤检验等。

② 必要的理论分析和计算，包括强度、疲劳、断裂力学分析及计算等。

③ 初步确定故障原因和机理。

④ 模拟试验以确定故障原因与机理。

(3) 分析并作出结论　故障分析工作一定阶段或试验工作结束时，都要对所获得的全部资料、调查、记录、证词和测试数据，按设计、材料、制造、使用4个方面是否有问题来集中归纳、综合分析和判断处理，逐步形成初步的结论。

(4) 撰写分析报告　主要内容如下：

① 故障分析结论。

② 改进措施与建议及对改进效果的预计。

③ 故障分析报告提供(交)给有关部门，并反馈给有关承制单位。

④ 必要时应跟踪和管理改进措施的执行情况。

1.6.2　模具材料选用原则

1. 模具材料选用的一般原则

一般情况下，模具材料的选用应满足以下3个原则。

(1) 满足模具工作条件要求(模具材料使用性能要求)　选用模具材料时，应首先根据各类模具的工作条件、受力状态和失效形式，提出该类模具材料应该具有的基本性能，如强度、硬度、耐磨性、塑性、韧性、疲劳强度、导热性、膨胀性、高温强度、回火稳定性、抗氧化性、耐热性、耐蚀性及抗磁性等，然后根据基本性能要求优选符合条件的模具材料。

(2) 满足工艺性能要求　模具材料加工成模具的难易程度，将直接影响模具的质量、生产效率和制造成本。因此，模具材料一般应具有良好的可锻性、可加工性和热处理性能，模具材料的锻造温度范围应较宽，容易切削加工，热处理过程中淬火变形、氧化脱碳及开裂倾向等要小，淬透性和淬硬性要高，并具有较好的焊接性。选材时，要把模具材料的化学成分与强化手段紧密结合起来综合考虑。当模具材料的工艺性能与模具的基本使用性能要求相矛盾时，应优先考虑模具材料的工艺性能，这对于生产数量较大的模具来说尤其重要。因为在大量生产模具时，生产工艺周期的长短和加工费用的高低直接影响模具成本。

(3) 尽量满足经济性要求　在满足模具基本性能的前提下，应优先选用价格较低的模具材料。能选用碳素钢，则不要选用合金钢；可选用国产钢时，就不要选用进口钢。另外，在选用模具材料时，不要简单地以单价来比较金属材料的优劣，应以综合经济效益来评价模具材料的成本。在选材时，还应考虑生产水平和供应情况，所选钢材种类应尽量少而集中，易于购买和管理。

2. 选用模具材料的一般程序

① 分析模具的工作特点和服役条件，找出模具失效的基本形式，合理地确定模具材料的主要性能要求。

② 根据模具的工作条件和使用环境，对模具的设计和制造提出相应的技术要求，对模具的加工工艺和加工成本也提出相应的基本要求。

③ 根据所提出的技术条件、加工工艺性能和加工成本等方面的指标，预选各类模具材料。

④ 对预选模具材料核算，确定是否满足基本性能要求。

⑤ 第二次选择模具材料。

⑥ 试验、试生产和检验，最终确定合理的选材方案。

为了便于对模具材料优选，按模具的工作条件，通常将模具分为塑料成型模具、冷作模具、热作模具及其他类型模具等。针对各类模具，可按一些原则综合考虑其制造材料。

3. 塑料模具材料的选用原则

由于塑料成型模具结构复杂、制造成本高，较长的使用寿命对企业来说很重要，更要防止意外断裂破损。因此，合理选用模具材料极为重要。选用材料时，除了钢材价格因素外，要充分发挥材料的全部优越性。

(1) 根据塑料模具的寿命与价格选材　一般模具按使用寿命的长短分为5级，一级在百万次以上，二级为50～100万次，三级为30～50万次，四级为10～30万次，五级在10万次以下。一级与二级模具都要求选用硬度在50 HRC左右的钢材，如美国的420、H13，日本的SKD61、DC53，瑞典的8407、S136，欧洲的2316、2344、2083等。选用的钢既要有较好的热处理性能，同时要在高硬度的状态下有良好的切削性能，否则容易磨损，达不到塑料件精度要求。

三级模具通常选用预硬型钢材，如S136H、2316H、718H、083H，硬度为270～340 HBW；四、五级模具常选用P20、718、738、618、2311、2711；要求较低的模具还有可能用到45钢，直接在模胚上做型腔。

(2) 根据塑料模具的型腔加工方法选材　塑料模具的型腔常采用切削加工成型，此时要求模具钢具有良好的切削加工性能，见表1-4；也可采用冷挤压成型，此时要求模具钢具有良好的冷挤压加工性能，见表1-5。

表1-4　常用切削加工成型塑料模具钢

钢材		使用硬度(HRC)	耐磨性	抛光性能	淬火后变形倾向	硬化深度	可加工性	脱碳敏感性	耐蚀性
类别	牌号								
渗碳型	20	30～45	差	较好	中等	浅	中等	较大	差
	20Cr	30～45	差	较好	较小	浅	中等	较大	较差
淬硬型	45	30～50	差	差	较大	浅	好	较小	差
	40Cr	30～50	差	差	中等	浅	较好	小	较差
	CrWMn	58～62	中等	差	中等	浅	中等	较大	较差
	9SiCr	58～62	中等	差	中等	中等	中等	较大	较差
	9Mn2V	58～62	中等	差	小	浅	较好	较大	尚可
预硬型	5CrNiMnMoVSCa	40～45	中等	好	小	深	好	较小	中等
	3Cr2MnNiMo	32～40	中等	好	小	深	好	中等	中等
	3Cr2Mo	40～58	中等	好	较小	较深	好	较小	较好
	8Cr2MnWMoVS	40～42	较好	好	小	深	好	较小	中等
耐蚀型	20Cr13	30～40	较好	较好	小	深	中等	小	好
	12Cr18Ni9	30～40	较好	较好	小	深	中等	小	好
	05Cr16Ni4Cu3Nb	42～44	较好	较好	较小	深	好	小	好

续　表

钢材		使用硬度(HRC)	耐磨性	抛光性能	淬火后变形倾向	硬化深度	可加工性	脱碳敏感性	耐蚀性
类别	牌号								
时效硬化型	25CrNi3MoAl	39～42	较好	好	小	深	好	小	好
	06Ni6MoVTiAl	43～48	中等	好	小	好	小	中等	中等
	10Ni3MnCuAl	38～45	中等	好	小	深	好	小	中等

表 1-5　常用冷挤压成型塑料模具钢

牌号	冲压性能		淬硬能力	硬化后变形能力	说　明
	软化退火硬度(HBW)	冷挤压性能评价			
电工纯铁 DT1	80～90	优	低	低	冷挤压性能好，但心部强度低，适合于复杂型腔的模具
20 钢	≤131	高	低	低	适用于简单型腔的模具
20Cr	≤140	高	中	中	适用于形状复杂的模具
12CrNi3A	≤163	中	高	高	适用于浅型腔复杂模具
40Cr	≤163	中	中	高	心部强度优于 20Cr
T7A	≤163	中	高	高	适用于形状简单、中等深度、比压较高的模具
Cr2(GCr15)	≤179	较低	高		适用于浅型腔、高比压模具

(3) 根据塑料制品种类和质量要求选材　要求型腔表面耐磨性好、心部韧性好、形状不复杂的注塑模，选用低碳结构钢和低碳合金钢，如 20 钢、20Cr，工业纯铁 DT1、DT2 等，这类钢在退火状态下塑性很好，硬度低，退火硬度为 85～135 HBW，变形抗力小，可用冷挤压成型，大大减少切削加工量。大、中型且型腔复杂的模具选用优质渗碳钢，这类钢经渗碳、淬火、回火处理后，型腔表面有很好的耐磨性，模具心部又有较高的强度和韧性，常用 08Cr4NiMoV、12CrNi3A、12Cr2Ni4A 等。

对于聚氯乙烯或氟塑料及阻燃的 ABS 塑料制品，这些塑料在熔融状态分解出的氯化氢(HCl)、氟化氢(HF)和二氧化硫(SO_2)等气体，对模具型腔表面有一定的腐蚀，所以必须选用有较好的耐蚀性的模具钢，如 PCR、AFC-77、12Cr18Ni9 及 20Cr13 等。

生产以玻璃纤维作添加剂的热塑性塑料制品的注射模具或热固性塑料制品的压缩模具，因模具型腔表面过早地被塑料磨损，或因模具受压而局部变形，因此要求模具材料具有高硬度、高耐磨性、高的抗压强度和较高的韧性。常选用淬硬型模具钢，如 T8A、T10A、Cr6WV、Cr12、Cr12MoV、9Mn2V、9SiCr、CrWMn、GCr15 等，经淬火、回火后得到所需的模具性能。

透明塑料件要求模具钢材具有良好的镜面抛光性能和高的耐磨性，常采用 18Ni 类、PMS、PCR 等时效硬化型钢，也可采用 P20 系列及 8Cr2S、5NiSCa 等预硬型钢。

根据塑料种类选用模具钢，见表 1-6。

表1-6　根据塑料品种选用模具钢

用途		代表塑料及制品		模具要求	适用牌号
一般热塑性塑料、热固性塑料	一般	ABS	电视机壳、音响设备	高强度 耐磨损	55 钢、40Cr、P20、SM1、SM2、8Cr2S
		聚丙烯	电扇扇叶、容器		
	表面有花纹	ABS	汽车仪表盘、化妆品容器	高强度 耐磨损 光刻性	PMS、25CrNi3MoAl
	透明件	有机玻璃、ABS	仪表罩、汽车灯罩	高强度 耐磨损 抛光性	5NiSCa、SM2、PMS、P20
增强塑料	热塑性	POM、PC	工程塑料制作、电动工具外壳、汽车仪表盘	高耐磨性	65Nb、8Cr2S、PMS、SM2
	热固性	酚醛、环氧树脂	齿轮等		65Nb、8Cr2S、06Ni6MoVTiAl
阻燃型塑料		ABS 加阻燃剂	电视机壳、收录机壳、显像管罩	耐腐蚀	PCR
聚氯乙烯		PVC	电话机、阀门、管件、门把手	高强度 耐腐蚀	38CrMoAl、PCR
光学透镜		有机玻璃、聚苯乙烯	照相机镜头、放大镜	抛光性 耐腐蚀	PMS、8Cr2S、PCR

(4) 根据塑料件的尺寸大小及精度要求选材　对大型高精度的注塑模，当塑料件生产批量较大时，采用3Cr2Mo(P20)、8Cr2S、4Cr5MoSiVS、3Cr2NiMo(P4410)、SM1、PMS等预硬化钢，在机加工前预先硬化处理，机加工后不再热处理，直接使用，防止热处理变形。预硬化钢既有较高的耐磨性，又有高的强度和韧性。

一般来说，选用哪种模具材料没有对错之分，必须根据模具的工作条件、失效形式及使用寿命，得出模具材料的基本使用性能要求，再结合模具材料的工艺性能、模具要求的制造工艺、生产率和制造成本等因素综合选用和评价，实现经济效益最大化。

复习思考题

1. 什么是模具失效？模具失效分为哪些阶段？
2. 什么是模具寿命？
3. 影响模具寿命的主要因素有哪些？
4. 模具常见的失效形式有哪些？简述其机理。
5. 模具的各类常见失效形式对模具材料的性能要求有哪些？
6. 简述各类模具常见的失效形式。
7. 简述各类模具对模具钢的性能要求。
8. 简述模具失效分析的意义和基本步骤。
9. 模具材料选用原则有哪些？

第2章

塑料成型模具材料选用

学习目标　本章主要学习塑料成型模具常见类型及其结构，注塑模结构组成及其材料的选用，其他塑料成型模具材料的选用。能在教师引导下，团队合作完成实例模具材料的选用。

本章学习后，应达到以下目标：

1. 了解塑料模各类型的结构；
2. 了解注塑模结构组成并掌握注塑模各零件材料的选用；
3. 掌握其他类型塑料成型模具零件材料的选用；
4. 能合理选用新型塑料成型模具材料；
5. 能完成实例分析。

随着塑料制品在工业及日常生活中的应用越来越广泛，塑料模具工业对模具钢的需求也越来越大。塑料模具目前已向精密化、大型化和多腔化的方向发展，对塑料模具钢的性能要求越来越高。塑料模具的结构和形状比较复杂，制造成本较高。选用钢材品种时，除了钢材价格因素外，要充分发挥材料的全部优越性，结合模具结构、材料的机械加工性能和热处理工艺等综合考虑。模具中各零件作用不同，因而工作条件、失效形式不同，对材料性能要求也不同。因此，要根据模具中各零件的具体性能要求选材。

2.1　塑料成型模具概述

2.1.1　塑料成型模具分类

塑料成型模具种类繁多，分类方法也不同。

1. 按成型工艺分

(1) 注射成型模具　塑料通过注塑机的螺杆或活塞塑化熔融，然后经浇注系统进入模具型腔，在型腔内冷却定型，最后开模得到塑料件所用的模具。

(2) 压缩成型模具　主要用于热固性塑料成型，塑料直接在模具型腔内熔融固化定型得到产品的模具。

(3) 压注成型模具　通过柱塞使加料室内的塑料塑化熔融,然后经浇注系统注入已闭合的型腔,固化定型得到产品的模具。其成型塑件大多用于电器开关的外壳和日常生活用品。

(4) 挤出成型模具　又称挤出机头,是用电加热的方法使塑料处于流动状态,然后在一定压力作用下通过机头口模,获得连续的型材。它广泛应用于管材、棒材、板材、薄膜、电线电缆包层,以及其他异型材的成型。

(5) 吹塑模具　将挤出或注塑出来的尚处于塑化状态的管状坯料,趁热放到模具型腔内,立即在其中心通以压缩空气,管状坯料膨胀而紧贴于模具型腔壁上,冷硬后即可得一中空制品。这种制品成型方法所用的模具叫吹塑模具。

除上面所列举的几种塑料模具外,还有真空成型模具、泡沫塑料成型模具等。

2. 按成型材料分

(1) 热塑性塑料模具　用于成型热塑性塑料件的模具。

(2) 热固性塑料模具　用于成型热固性塑料件的模具。

3. 按溢料分

(1) 溢式压缩模　合模加压时,有过量过剩的塑料溢出的压缩模,加料腔即型腔。

(2) 半溢式压缩模　合模加压时,有少量过剩的塑料溢出的压缩模,加料腔是型腔向上的扩大部分。

(3) 不溢式压缩模　合模加压时,几乎无塑料溢出的压缩模,加料腔是型腔向上的延续部分。

4. 按浇注系统分

(1) 热流道模具　连续成型作业中,借助加热,使流道内的热塑性塑料始终保持熔融状态的注塑模。

(2) 绝热流道模具　连续成型作业中,利用塑料与流道壁接触的固体层所起的绝热作用,使流道中心部位的热塑性塑料始终保持熔融状态的注塑模。

(3) 无流道模具　连续成型作业中,采用适当的温度控制,使流道内的塑料保持熔融状态,成型塑料件的同时,几乎无流道凝料产生的注塑模。

(4) 温流道模具　连续成型作业中,采用适当的温度控制,使流道内的热固性塑料保持熔融状态的注塑模。

5. 按机外、机内装卸方式分

(1) 移动式压缩模　将成型中的辅助作业,如开模、卸件、装料、合模等移到压机工作台面外进行的压缩模。

(2) 固定式压缩模　固定在压机工作台面上,全部成型作业都在机床上进行的压缩模。

(3) 移动式压注模　将成型中的辅助作业,如开模、卸件、装料、合模等移到压机工作台面外进行的压注模。

(4) 固定式压注模　固定在压机工作台面上,全部成型作业都在机床上进行的压注模。

2.1.2　塑料成型模具典型结构

1. 注射成型模具

(1) 单分型面注塑模　图 2 - 1 所示为最简单的单分型面注塑成型模具,即模具只有一个

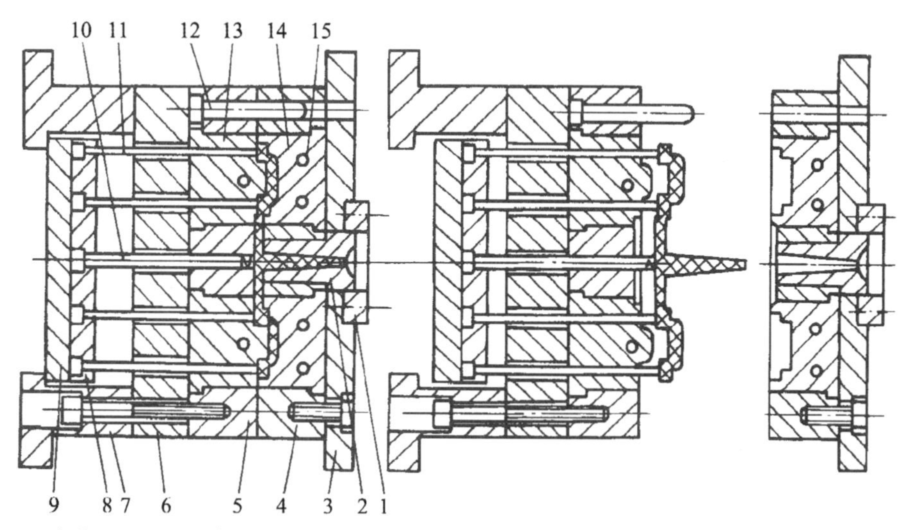

1—定位圈；2—浇口套；3—定模座板；4—定模板；5—动模板；6—支承板；7—支架(模脚)；8—推杆固定板；9—推板；10—拉料杆；11—推杆；12—导柱；13—型芯；14—凹模；15—冷却水通道

图 2-1　单分型面注塑模

分型面，工作时动、定模分开，冷却定型得到的塑件和浇注系统凝料在分型面上取出，又称二板式注塑模，主要用于生产形状简单、精度要求不高的塑件。合模时，注塑机内熔融的塑料经浇注系统(零件 1、2 组成)进入模具型腔(零件 13、14 组成)，在冷却系统(零件 15)的作用下冷却定型，随后在注塑机作用下动模往后运动，模具在分型面处打开。推出机构(零件 8～11 组成)推出塑件和浇注系统凝料，得到产品。在开合模过程中，为保证动、定模正确对中，模具设置有导向机构(零件 12)。其余零件主要用于支承和紧固。

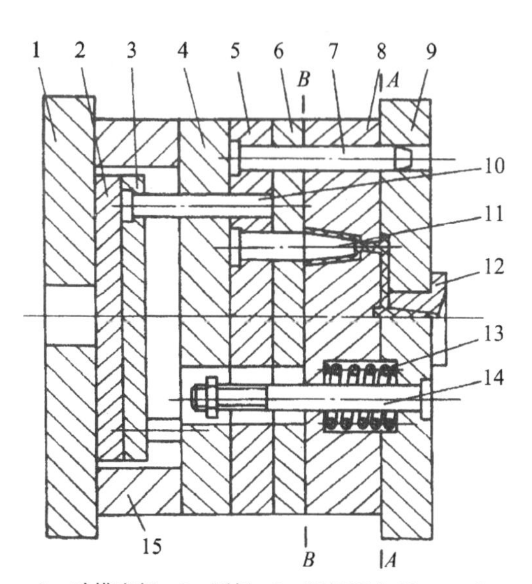

1—动模座板；2—顶板；3—顶杆固定板；4—支承板；5—动模板；6—推板；7—导柱；8—中间板；9—定模座板；10—顶杆；11—凸模；12—主流道衬套；13—弹簧；14—定距导柱拉杆；15—垫块

图 2-2　弹簧分型拉杆定距式双分型面注塑模

(2) 双分型面注塑模　图 2-2 所示为双分型面注塑模，具有两个分型面，主要用于表面精度及外观要求高的塑件，又称三板式模具。双分型面模具主要用于点浇口模具，在工作中要两次分型。第一次分型拉出浇注系统的凝料；第二次分型拉断进料口，使浇注系统凝料与塑件分离。由于在模具工作中自动切断点浇口，不需要后续的切除浇注系统凝料处理，因此塑件表面不会留下疤痕，能保证外观质量。

模具结构在单分型面模具的基础上增加了中间板，或者叫做流道板，如图 2-2 中的零件 8，同时增加了用于实现第一次分型定距的机构，即弹簧分型拉杆定距机构。开模时，注射机开合模系统带动动模部分后移，在弹簧(零件 13)作用下，

模具首先在 A—A 分型面分开,中间板 8 随动模一起后移,主浇道凝料随之拉出。动模部分移动一定距离后,中间板 8 的后端面与定距导柱拉杆 14 上的后端台肩接触,中间板停止移动,动模继续后移,B—B 分型面打开。因塑件包紧在型芯上,浇注系统凝料在浇口处自行拉断,在 A—A 分型面之间自行脱落或人工取出。动模继续后移,当注射机推杆接触顶板 2 时,推出机构开始工作,在顶杆 10 的推动下将塑件从型芯上推出,在 B—B 分型面之间脱落。

(3) 斜导柱侧向抽芯注塑模　图 2-3 所示为斜导柱侧向抽芯注塑模,主要用于生产含有侧向通孔、凸台或侧向凸凹的塑件,只适合于塑件抽芯距较短的情况。若抽芯距较大,则需选用液压抽芯等。当塑件上有侧向通孔、凸台或侧向凸凹时,需要有侧向的凸模或型芯来成型。在开模推出塑件之前,必须先将侧向凸模或侧向型芯从塑件上脱出或抽出,塑件才能顺利脱模。使侧向凸模或侧向型芯移动的机构称为侧向抽芯机构,常用的有斜导柱侧向抽芯、弯销抽芯等。其中,斜导柱侧向抽芯机构根据斜导柱和滑块所在位置的不同,分为斜导柱和滑块同在动模、斜导柱和滑块同在定模、斜导柱和滑块分别在动模和定模等几种,图 2-3 所示为斜导柱和滑块同在定模的侧向抽芯机构。

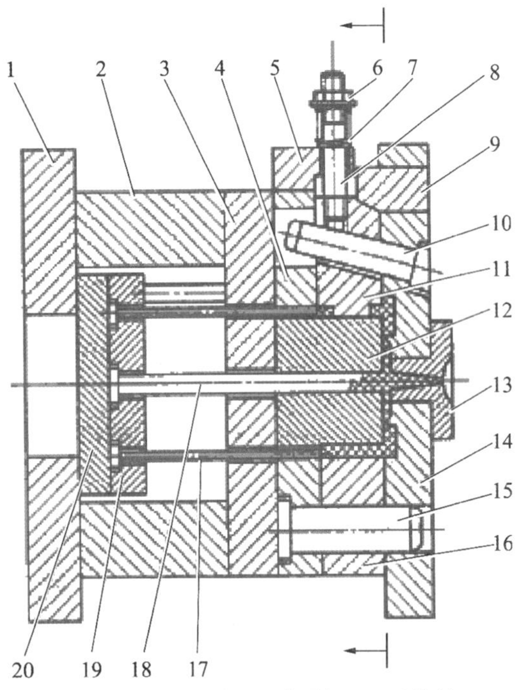

1—动模座板;2—垫块;3—支承板;4—动模板;5—挡块;6—螺母;7—弹簧;8—滑块拉杆;9—楔紧块;10—斜导柱;11—侧型芯滑块;12—型芯;13—浇口套;14—定模座板;15—导柱;16—定模板;17—推杆;13—拉料杆;19—推杆固定板;20—推板

图 2-3　斜导柱侧抽芯注塑模

模具结构在一般模具的基础上增加了斜导柱侧向抽芯机构,由零件 5~11 组成。开模时,斜导柱 10 依靠开模力带动侧型芯滑块 11 做侧向运动,使其与塑件先分离,然后再由推出机构将塑件从型芯 12 上推出,在分型面上脱落。合模时,在弹簧 7 的作用下,滑块拉杆 8 推动侧型芯 11 做合模侧向运动,进行下一周期的塑件生产。

(4) 带有活动镶件的注塑模　由于塑件的某些结构特殊,要求注塑模设置可活动的成型零部件,如活动凸模、活动凹模、活动镶件、活动螺纹型芯或型环等,在脱模时可与塑件一起移出模具外,然后与塑件分离。此时需要设计带活动镶件的注塑模,如图 2-4 所示。

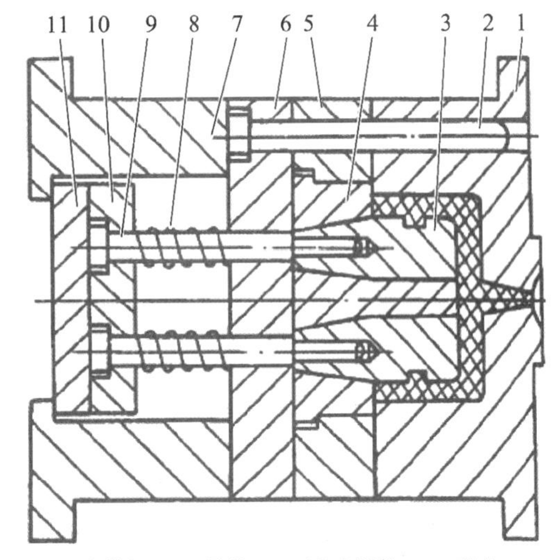

1—定模板;2—导柱;3—活动镶件;4—型芯;5—动模板;6—动模垫板;7—垫块;8—弹簧;9—顶针;10—推板固定板;11—推板

图 2-4　带活动镶件的注塑模

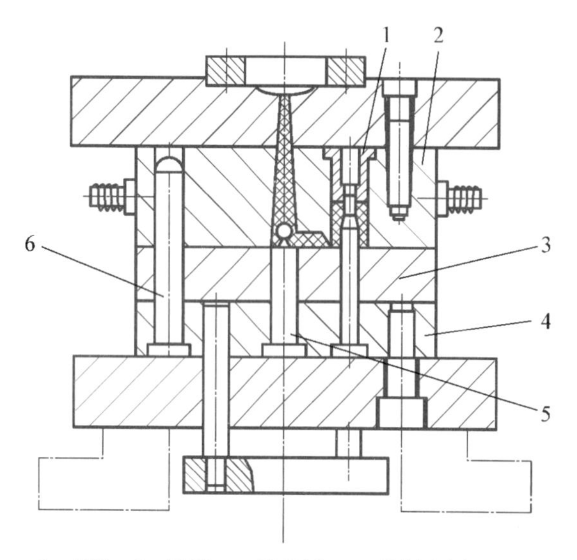

1—镶件；2—凹模；3—推件板；4—型芯固定板；5—拉料杆；6—带头导柱

图 2－5　推件板推出注塑模

开模时，塑件包在型芯 4 和活动镶件 3 上随动模部分向左移动而脱离定模扳 1。当脱开一定距离后，推出机构开始工作，设置在活动镶件 3 上的顶针 9 将活动镶件连同塑件一起推出型芯，以实现脱模。合模时，顶针 9 在弹簧 8 的作用下复位，顶针复位后动模板 5 停止移动，然后由人工将镶件重新插入镶件定位孔中，再合模后进行下一周期的注射。

(5) 推件板推出注塑模　对于薄壳形塑件，如果采用推杆推出，推出力作用的面积小，推出应力增大，会使塑件变形。为使推出力作用面积大，采用推件板推出，如图 2－5 所示。开模时，动模部分往后移动，当注塑机的顶杆碰到推件板，推件板推动推杆，推杆推动推件板(零件 3)，推件板推出塑件。

(6) 脱模机构在定模的注塑模　在大多数注塑模中，其脱模装置均是安装在动模一侧，这样有利于注塑机开合模系统中顶出装置工作。在实际生产中，由于某些塑件受形状的限制，例如图 2－6 所示的塑料衣刷，将塑件留在定模一侧更好一些。为使塑件从模具中脱出，就必须在定模一侧设置推出机构。

开模时，当脱开一段距离后，由于螺钉 6 的限位和设在动模一侧的定距拉杆 8 的作用，带动脱模板 7，将塑件从定模中的型芯 11 上强制脱出。脱开一定距离后，螺钉 4 的限位和定距拉杆 8 的作用，使得动模板 5 和动模垫板 2 分开，取出带有镶件的注塑件。

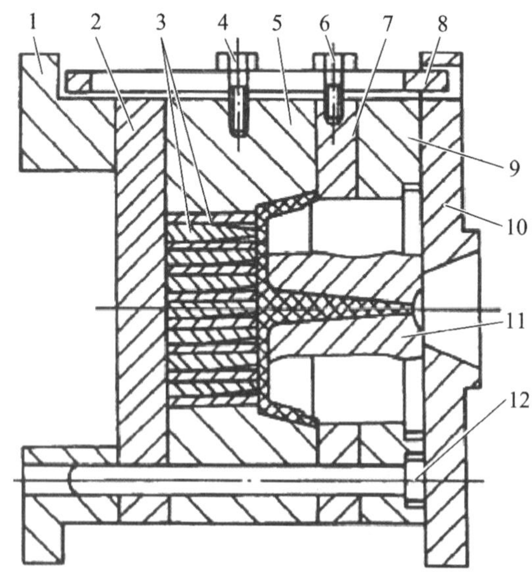

1—动模座板；2—动模垫板；3—成型镶件；4—螺钉；5—动模板；6—螺钉；7—脱模板；8—定距拉杆；9—定模板；10—定模座板；11—型芯；12—导柱

图 2－6　脱模机构在定模的注塑模(定模推出注塑模)

(7) 角式注塑机用自动卸螺纹注塑模　角式注塑机用注塑模又称为直角式注塑模具，是一种特殊形式的注塑模具。这类模具的主流道、分流道开设在分型面上，且主流道截面的形状一般为圆形或椭圆形，注射方向与合模方向垂直，特别适合于一模多腔、塑件尺寸较小、自动脱卸有螺纹的塑件的注射模具。

对于有内、外螺纹，塑件成型的批量又较大时，大部分采用自动卸螺纹的注射模具，即在模具上设置能够转动的螺纹型芯或螺纹型环。利用开模动作或注塑机的旋转机构，或设置专门的传动装置，带动螺纹型芯或螺纹型环转动，从而脱出塑件。使用这类模具可以大大地减少劳

动量,几十倍地提高生产效率。图2-7所示为角式注射机用自动卸螺纹的注射模具。塑件带有内螺纹,当注射机开模时,注射机的开合模丝杠8带动模具的螺纹型芯1旋转,以使塑件与螺纹型芯1脱模。

(8) 热流道注塑模　热流道注塑模是指采用对流道绝热或加热的方法,使从注塑机喷嘴到型腔之间的塑料保持熔融状态,使开模取出塑件时无浇注系统凝料,故又称为无流道注塑模。前者称为绝热流道注塑模,后者称为热流道注塑模。如图2-8所示,浇注系统(零件21、19、15、14组成)周围设置有电热板18和加热孔16,使浇注系统内的塑料一直处于加热熔融状态,不与塑件一起脱出。由于取出塑件时无浇注系统凝料,降低了塑料耗材,节约了成本,又有助于保证塑件外观质量,生产效率高,是近年来发展较快的一种注塑成型方法。

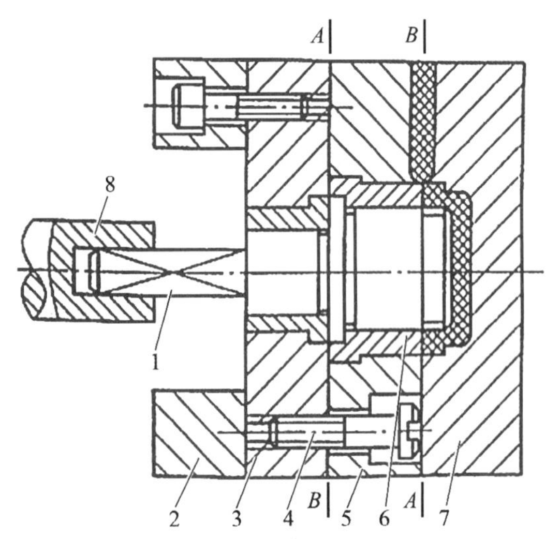

1—螺纹型芯；2—垫板；3—支承板；4—定距螺钉；5—动模板；6—衬套；7—定模板；8—注射机开合丝杠

图2-7　角式注塑机用自动卸螺纹注塑模

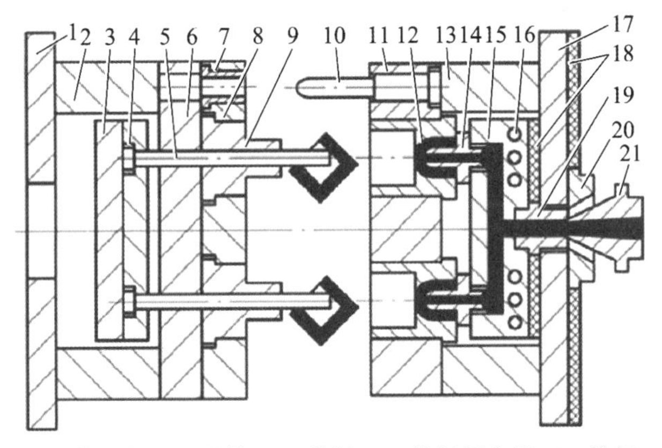

1—动模座板；2—垫块；3—推板；4—推杆固定板；5—推杆；6—支承板；7—导套；8—型芯固定板；9—型芯；10—导柱；11—型腔固定板；12—型腔；13—上垫块；14—分流道衬套；15—加热孔板；16—加热孔；17—定模座板；18—电热板；19—主流道衬套；20—定位圈；21—注塑机喷嘴

图2-8　热流道注塑模(无流道注塑模)

2. 压缩成型模具

(1) 溢式压缩模　图2-9所示为溢式压缩模,模具无单独的加料腔,型腔本身作为加料腔,型腔高度 h 为塑件高度。由于凸模1和凹模3之间没有配合,完全靠导柱2定位,因此塑件的径向尺寸精度不高,高度尺寸精度一般。压缩成型时,由于多余塑料容易从分型面处溢出,塑件会有径向飞边,挤压环的宽度 b 应较窄,以减小塑件的径向飞边。挤压环在合模开始时,只产生有限的阻力,合模到终点时,挤压面才完全闭合,所以,塑件密度较低,强度等的力学

性能也不高。尤其在合模太快时，溢料量增多，浪费加大。溢式压缩模适用于压缩流动性好或带短纤维填料的塑件，以及精度与密度要求不高且尺寸小的浅型腔塑件。模具结构简单，成本低，不易磨损，塑件易取出。

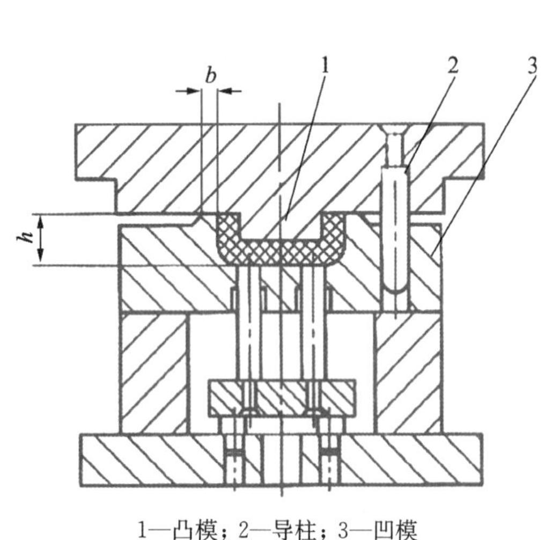

1—凸模；2—导柱；3—凹模

图 2-9　溢式压缩模

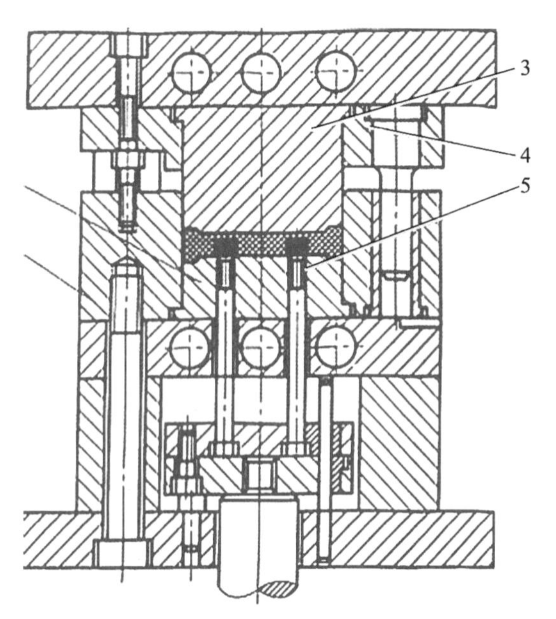

1—凹模；2、3—凸模；4—凸模固定板；5—嵌件

图 2-10　不溢式压缩模

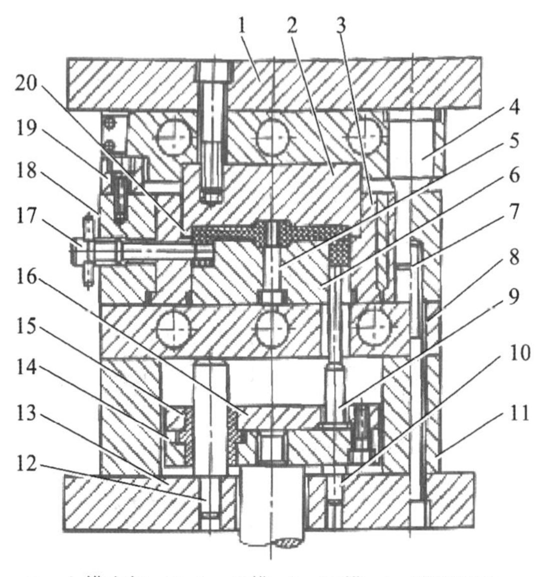

1—上模座板；2、6—凸模；3—凹模；4—带肩导柱；5—型芯；7—带头导套；8—支承板；9—带肩推杆；10—限位钉；11—垫块；12—推板导柱；13—下模座板；14—推板；15—推板导套；16—推件固定板；17—侧型芯；18—模套；19—限位块；20—溢料槽

图 2-11　半溢式压缩模

(2) 不溢式压缩模　如图 2-10 所示，不溢式压缩模的加料腔在型腔的上部延续，其截面形状和尺寸与型腔完全相同，无挤压面。由于凸模与加料腔之间有一段配合，因此塑件径向壁厚尺寸精度较高。配合段单面间隙为 0.025～0.075 mm，压缩时仅有少量的塑料流出，使塑件在垂直方向上产生很薄的轴向飞边，不过去除比较容易。不溢式压缩模适用于成型形状复杂、精度高、壁薄、流程长的深腔塑件；也可用于成型流动性差、比体积大的塑件；特别适用于成型含棉布纤维、玻璃纤维等长纤维填料的塑件。模具闭合压缩时，压力几乎完全作用在塑件上，因此塑件密度大、强度高。

(3) 半溢式压缩模　如图 2-11 所示，半溢式压缩模在型腔上方设有加料腔，其截面尺寸大于型腔截面尺寸，两者分界处有环形挤压面，宽度约为 4～5 mm。凸模与加料腔

是间隙配合，凸模下压时受到挤压面的限制，塑件的高度尺寸精度得到保证。半溢式压缩模结合了溢式和不溢式压缩模的优点，所得塑件径向壁厚尺寸和高度尺寸的精度都较好，密度较大，塑件脱模容易，模具寿命较长，在生产中得到广泛应用。该类模具适用于压缩流动性较好及形状较复杂的塑件，因为有挤压边缘，故不适用于压缩以布片或长纤维作为填料的塑件。

3. 压注成型模具

压注成型是在压缩成型基础上发展起来的一种热固性塑料成型方法，又称为传递成型。该类模具结合了压缩模具和注塑模具的结构特点，如图2-12所示，既有压柱2和加料室3，又有浇口套4和分流道组成的浇注系统。压注成型模具适合于成型热固性塑料的深孔、形状复杂、带有精细或易碎嵌件的塑件，所得塑件飞边很薄、尺寸准确、性能均匀、质量较高。但模具结构相对复杂，制造成本较高，成型压力较大，操作复杂，耗料比压缩模多，气体难排除，一定要在模具上开设排气槽。

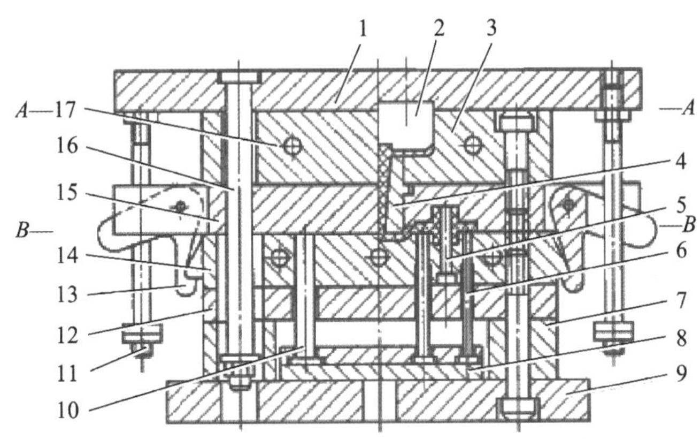

1—上模座板；2—压柱；3—加料室；4—浇口套；5—型芯；6—推杆；7—垫块；8—推板；9—下模座板；10—复位杆；11—拉杆；12—支承板；13—拉钩；14—下模板；15—上模板；16—定距导柱；17—加热器安装孔

图2-12　压注成型模

2.2　注塑模材料选用

注塑模具主要用于热塑性塑料制品的成型，近年来也越来越多地用于热固性塑料制品的成型。注塑成型在塑料制品成型中占有很大比重，世界上塑料成型模具的产量半数以上是注塑模具。这里着重探讨注塑模材料的选用。

2.2.1　注塑模的结构组成

注塑模种类繁多，包括单分型面注塑模、双分型面注塑模、斜导柱侧抽芯注塑模、带活动镶件的注塑模等。注塑模的具体结构与塑料品种的性质、成型工艺性能、塑件的形状结构及尺寸精度、模具使用寿命要求及所选用注塑机的种类等因素有关。结构可按下列方法区分。

1. 按工作过程中是否动作分

(1) 动模　安装在注塑机的动模固定板(移动模板)上,模具工作过程中实现开模、合模运动。

(2) 定模　安装在注塑机的定模固定板(固定模板)上,模具工作过程中不运动。

2. 按各部分所起的作用分

(1) 成型部分　与塑料直接接触、构成型腔的零件,包括凹模、凸模、型芯、螺纹型芯、型环、嵌件、镶块等。

(2) 浇注系统　由注射机喷嘴中喷出的塑料进入型腔的流动通道,使塑料熔体平稳有序地填充型腔,并在填充和凝固过程中把注射压力充分传递到各个部分,以获得组织紧密的塑件,包括主流道、分流道、浇口、冷料井等。

(3) 导向与定位机构　导向机构在合模时引导动模按序正确闭合,防止损坏凹、凸模,包括导柱、导套等。另外,多腔模和较为大型的注塑模,其推出机构中也设置有导向零件,即推出导柱和推出导套等,以避免推出机构工作时歪斜偏移,造成推杆弯曲、阻滞或折断,影响塑件的推出脱模或顶坏塑件造成报废。定位机构在合模时保证动、定模正确的位置,以便合模后保持模具型腔的正确形状,包括锥面对合定位和斜面对合定位。锥面对合定位用于型芯与凹模同轴度要求较高的精密模具,斜面对合定位用于斜分型面模具。工作时,动定模间产生较大的侧向压力的情况。

(4) 侧向抽芯机构　当塑件上具有与开模方向不一致的孔或侧面有凹凸形状时,除极少数情况可以强制脱模外,一般都必须将成型侧孔或侧凹的零件做成可活动的结构,在塑件脱模前,先将其抽出,然后才能将整个塑件从模具中脱出。完成侧向活动型芯的抽出和复位的这种机构叫做侧向抽芯机构,常见斜导柱侧向抽芯机构包括斜导柱、滑块、限位块、楔紧块、螺钉弹簧等。

(5) 顶出机构　把塑件及浇注系统从型腔中或型芯上脱出来的机构,包括推出部件(推杆、推杆固定板、推杆垫板、限位钉)、导向部件(推杆导柱、推杆导套)、复位部件(复位杆)等。

(6) 冷却和加热系统　大部分热塑性塑料须冷却定型成为产品,而模塑周期主要取决于冷却定型时间(约占 80%),通过降低模温来缩短冷却时间,是提高生产效率的关键;热固性塑料需要较高的模具温度促使交联反应进行,加上某些热塑性塑料也需维持 80℃以上的模温,所以部分模具需要加热系统。冷却系统包括水管、密封胶垫、水嘴、堵头等,加热系统常用电阻加热元件如加热圈、加热棒等。这些都是标准件,其材料选用不再赘述。

(7) 排气系统　在注射过程中,模具型腔中的空气和塑料在成型过程中受热和冷凝时所产生的挥发性气体需要及时排出,否则会引起填充不足、短射、气泡、缩水、表面凹陷、流纹等问题,降低产品质量甚至使产品报废,此时需要设置排气系统。一般情况下,利用模具分型面和配合间隙自然排气,有时在分型面处开设排气槽,还有的采用排气块排气。一般,排气块采用 45 钢。

(8) 支承与紧固零件　这部分零件基本是标准件,主要用来装配、定位和连接模具,包括定位环、定模座板、动模座板、型芯固定板、动模固定板、垫块、支承板、销钉和螺钉等。

2.2.2　成型部分零件材料的选用

成型部分零件的尺寸精度和几何形状直接决定塑件的尺寸精度和几何形状,因此,该部分零件材料的性能要求较高。

（1）良好的耐磨性和硬度　模具型腔表面的耐磨性直接决定塑件的表面光洁度和尺寸精度，尤其是含硬质填料或玻璃纤维的塑料，对模具耐磨性的要求更高。模具表面硬度大，也可以承受操作中的机械划伤。

（2）良好的抛光性　塑件常要求具有良好的表面光泽和较低的表面粗糙度，某些外观产品还需要一定的镜面性能，因而型腔必须有很好的抛光性。所以，选用的钢材不应含有粗糙的杂质和气孔等。

（3）良好的加工性能和较小的热处理变形　模具成型部分零件往往形状很复杂，精度要求高，钢材淬火后加工困难，甚至根本无法加工。所以此部分材料，应尽量选择热处理后变形小的钢材。模具零件也可以先粗加工，然后再调质处理，但调质后的硬度不能高于30 HB，以便于机械加工和钳工加工。如果热处理变形不便控制，对半成品毛坯应选择热处理后材料尺寸变大的热处理方式，给精加工留出余量，便于精加工时达到尺寸要求。

国家标准《塑料注射模技术条件》（GB/T12554—2006）规定，注塑模具成型部分零件材料见表2－1。

表2－1　模具成型零件推荐材料及热处理硬度（摘自GB/T12554—2006）

成型零件	材　　料	硬度（HRC）
凹模、凸模、型芯、螺纹型芯、螺纹型环、嵌件、镶块、侧型芯等	45、40Cr	40～45
	CrWMn、9Mn2V	48～52
	Cr12、Cr12MoV	52～58
	3Cr2Mo	预硬态35～45
	4Cr5MoSiV1	45～55
	3Cr13	45～55

国家标准《塑料注射模技术条件》（GB/T125542006）规定，成型塑料有腐蚀性时，成型零件应选用耐腐蚀材料，或对成型面采取表面防腐蚀措施。成型含有硬质填料或玻璃纤维的塑料时，由于对模具表面磨损较大，成型零件硬度应不低于50 HRC，或对成型表面应进行表面硬化处理，硬度应高于600 HV。

2.2.3　浇注系统零件材料的选用

浇注系统是注射机将塑料熔体注入（各个）型腔的通道，是输送物料的管道。其零件主要有浇口套、分流锥、拉料杆等。浇注系统直接与熔融的塑料接触，对材料的高温性能、耐磨性、耐腐蚀性等要求较高。浇注系统设计得好坏，直接影响到塑件的外观、几何形状、尺寸精度、成型周期等，甚至使塑件报废。对于单型腔模具，从注射机喷嘴出来的熔融塑料，通过主流道直接注入型腔；对于多型腔模具，通过主流道及分流道注入型腔。塑料通入型腔入口的狭窄部分是浇口。浇注系统组成型式如图2－13所示。

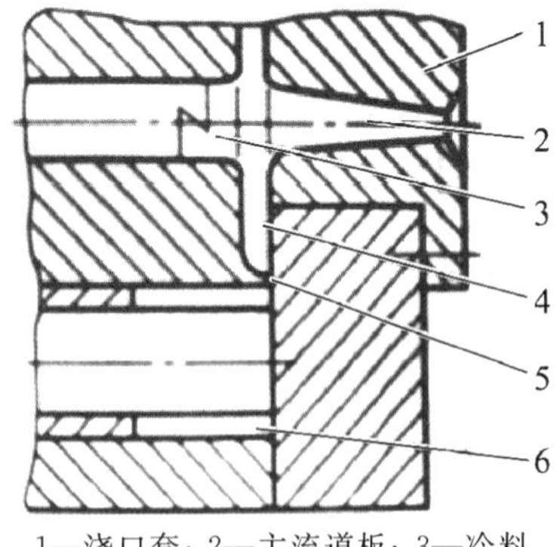

1—浇口套；2—主流道板；3—冷料穴；4—分流道；5—浇口；6—型腔

图2－13　浇注系统的组成

国家标准《塑料注射模技术条件》(GB/T12554—2006)规定，浇注系统零件材料见表2-2。

表2-2 浇注系统零件推荐材料及热处理硬度(摘自GB/T12554—2006)

浇注系统零件	材料	硬度 HRC
浇口套、分流锥、拉料杆	45、40Cr	40～45
	CrWMn、9Mn2V	48～52
	Cr12、Cr12MoV	52～58
	3Cr2Mo	预硬态 35～45
	4Cr5MoSiV1	45～55
	3Cr13	45～55

浇口套常采用标准件，推荐材料为 45 钢，局部热处理，如图 2-14 所示，*SR*19 mm 球面硬度一般为 38～45 HRC，装配后加工。

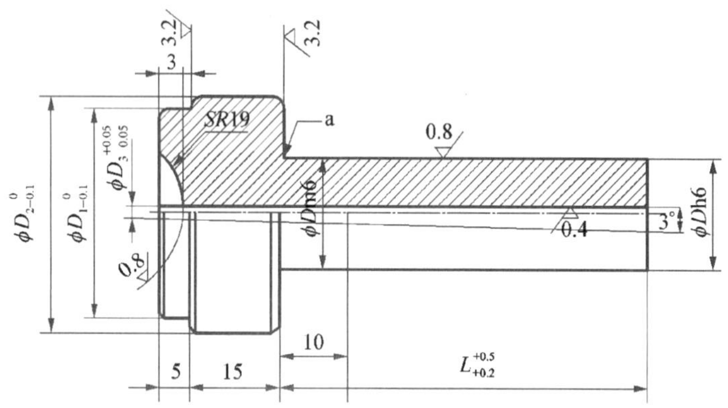

未注表面粗糙度 *Ra*=6.3 μm；未注倒角 1 mm×45°
a 为可选砂轮越程槽或 *R*0.5～1 mm 圆角

图2-14 浇口套

拉料杆(如图 2-1 中的零件 10)的头部直接与塑料熔体接触，并且工作时与冷却后的浇注系统凝料有较大摩擦，需要具有一定的高温硬度，推荐使用 45 钢、T8A 或 T10A，头部热处理硬度50～55 HRC。拉料杆与推件板 H9/f9 配合(间隙应小于塑料的溢料值)，拉料杆固定部分配合 H7/m6。配合部分表面粗糙度取 *Ra*0.8。

2.2.4 导向与定位机构零件材料的选用

注塑模导向机构是保证其动模部分和定模部分在模具工作时，能够正确导向与定位的重要机构。导向装置在模具工作过程中，承受了一定的侧压力(塑料熔体在充填型腔过程中会产生侧向的压力)，有时由于成型设备精度下降的影响，也会使导柱承受一定的侧向压力。对于比较精密的模具，为了保证顶出机构平稳的工作，不使塑料件在顶出过程中产生变形等质量问题，还在推出机构中设置了导向机构。导柱导向机构如图 2-15 所示。

1. 带头导柱材料选用

根据国家标准，注塑模带头导柱的尺寸规格和公差、材料选用和硬度要求、标记，如图 2-16 所示。

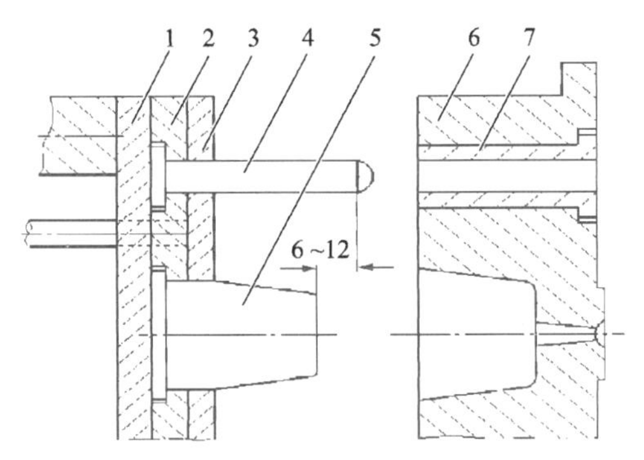

1—支承板；2—动模板；3—推件板；4—导柱；
5—凸模；6—定模板；7—导套

图 2-15　导柱导向机构

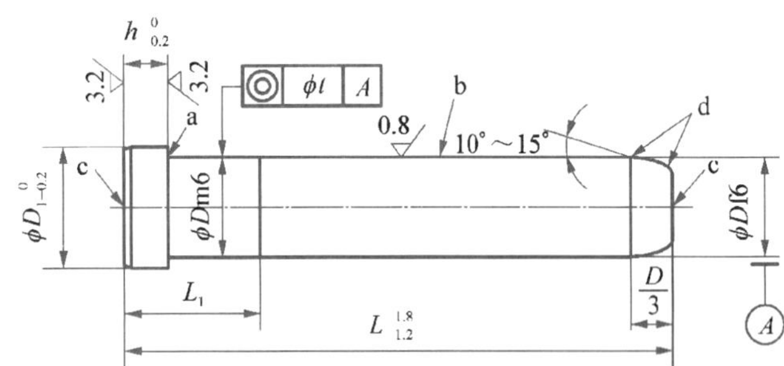

未注表面粗糙度 Ra=6.3 μm；未注倒角 1 mm×45°
a 为可选砂轮越程槽或 R 0.5～1 mm 圆角
b 为允许开油槽
c 为允许保留两端的中心孔
d 为圆弧连接，R2～5 mm
标记示例：直径 D=12 mm、长度 L=50 mm，与模板配合长度 L_1=20 mm的带头导柱标记为带头导柱 12×50×20 GB/T4169.4—2006
注：① 材料由制造者选定，推荐采用 T10A、GCr15、20Cr。
② 硬度 56～60 HRC，20Cr 渗碳 0.5～0.8 mm，硬度 56～60 HRC。
③ 标注的形位公差应符合 GB/T1184—1996 的规定，t 为 6 级精度。
④ 其余应符合 GB/T4170—2006 的规定。

图 2-16　标准带头导柱(摘自 GB/T4169.4—2006)

2. 带肩导柱材料选用

根据国家标准，注塑模带肩导柱的尺寸规格和公差、材料选用和硬度要求、标记，如图 2-17所示。

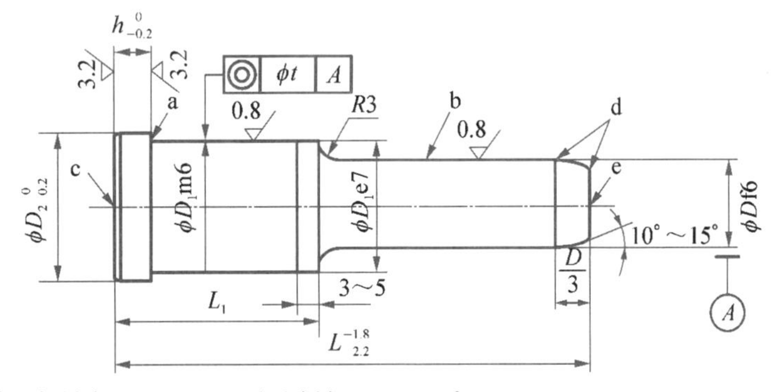

未注表面粗糙度 Ra=6.3 μm；未注倒角 1 mm×45°
a 为可选砂轮越程槽或 R 0.5～1 mm 圆角
b 为允许开油槽
c 为允许保留两端的中心孔
d 为圆弧连接，R2～5 mm
标记示例：直径 D=16 mm、长度 L=50 mm，与模板配合长度 L_1=20 mm 的带肩导柱标记为带肩导柱 16×50×20 GB/T4169.5—2006
注：① 材料由制造者选定，推荐采用 T10A、GCr15、20Cr。
② 硬度 56～60 HRC，20Cr 渗碳 0.5～0.8 mm，硬度 56～60 HRC。
③ 标注的形位公差应符合 GB/T1184—1996 的规定，t 为 6 级精度。
④ 其余应符合 GB/T4170—2006 的规定。

图 2-17　标准带肩导柱(摘自 GB/T4169.5—2006)

3. 拉杆导柱材料选用

根据国家标准,注塑模拉杆导柱的尺寸规格和公差、材料选用和硬度要求、标记,如图 2-18 所示。

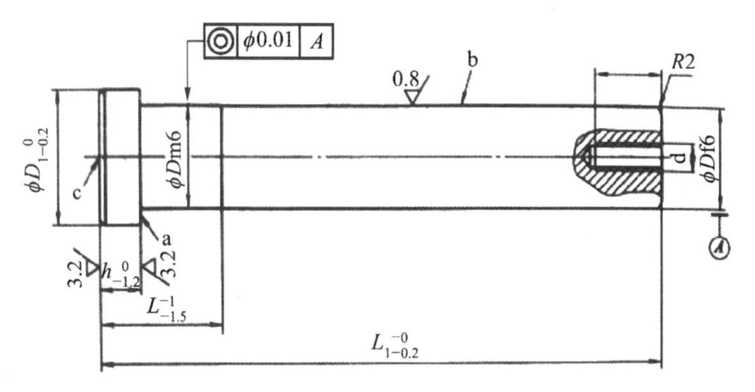

未注表面粗糙度 $Ra=6.3\ \mu m$;未注倒角 1 mm×45°

a 为可选砂轮越程槽或 R 0.5～1 mm 圆角

b 为允许开油槽

c 为允许保留中心孔

标记示例:直径 $D=16$ mm、长度 $L=100$ mm 的拉杆导柱标记为拉杆导柱 16×100 GB/T4169.20—2006

注:① 材料由制造者选定,推荐采用 T10A、GCr15、20Cr。

② 硬度 56～60 HRC,20Cr 渗碳 0.5～0.8 mm,硬度 56～60 HRC。

③ 其余应符合 GB/T4170—2006 的规定。

图 2-18 拉杆导柱(摘自 GB/T4169.20—2006)

4. 带头导套材料选用

根据国家标准,注塑模带头导套的尺寸规格和公差、材料选用和硬度要求、标记,如图2-19 所示。

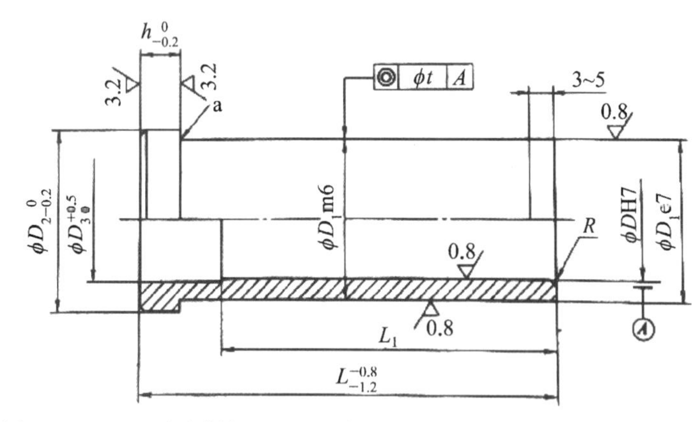

未注表面粗糙度 $Ra=6.3\ \mu m$;未注倒角 1 mm×45°

a 为可选砂轮越程槽或 R 0.5～1 mm 圆角

标记示例:直径 $D=12$ mm、长度 $L=20$ mm 的带头导套,标记为带头导套 12×20 GB/T4169.3—2006

注:① 材料由制造者选定,推荐采用 T10A、GCr15、20Cr。

② 硬度 52～56 HRC,20Cr 渗碳 0.5～0.8 mm,硬度 56～60 HRC。

③ 标注的形位公差应符合 GB/T1184—1996 的规定,t 为 6 级精度。

④ 其余应符合 GB/T4170—2006 的规定。

图 2-19 带头导套(摘自 GB/T4169.3—2006)

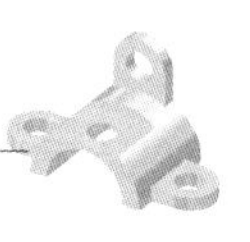

5. 直导套材料选用

直导套主要用于模板较厚的情况下，有助于缩短模板的镗孔深度，多用于浮动模板中。根据国家标准，注塑模直导套的尺寸规格和公差、材料选用和硬度要求、标记如图 2－20 所示。

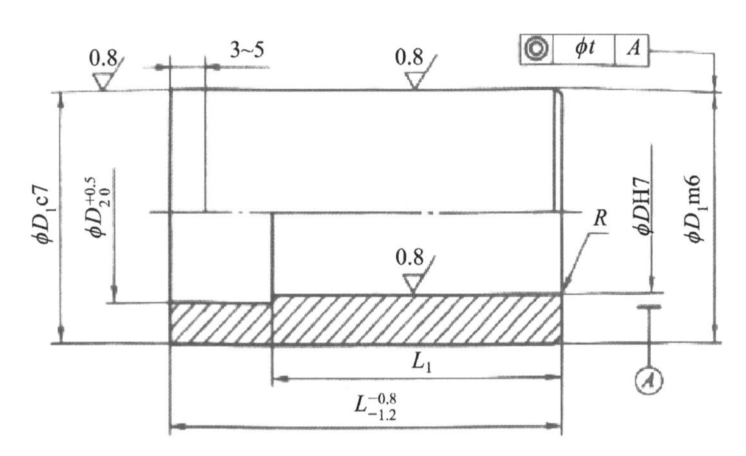

未注表面粗糙度 $Ra=3.2\ \mu m$；未注倒角 1 mm×45°

标记示例：直径 $D=12$ mm、长度 $L=15$ mm 的直导套，标记为直导套 12×15 GB/T4169.2—2006

注：① 材料由制造者选定，推荐采用 T10A、GCr15、20Cr。

② 硬度 52～56 HRC，20Cr 渗碳 0.5～0.8 mm，硬度 56～60 HRC。

③ 标注的形位公差应符合 GB/T1184—1996 的规定，t 为 6 级精度。

④ 其余应符合 GB/T4170—2006 的规定。

图 2－20　标准直导套(摘自 GB/T4169.2—2006)

6. 矩形定位元件材料选用

根据国家标准，矩形定位元件的尺寸规格和公差、材料选用和硬度要求、标记如图 2－21 所示。

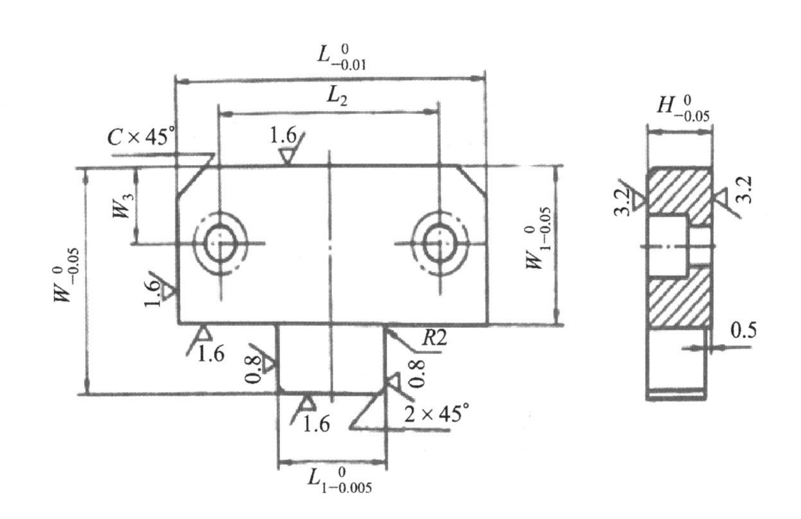

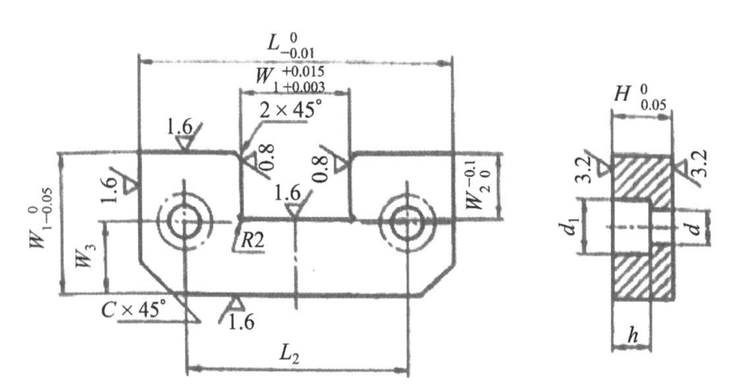

未注表面粗糙度 $Ra=6.3\ \mu m$;未注倒角 1 mm×45°
标记示例：长度 $L=50$ mm 的矩形定位元件标记为矩形定位元件 50 GB/T4169.21—2006
注：① 材料由制造者选定，推荐采用 GCr15、9CrWMn。
② 凸件硬度 50～54 HRC，凹件硬度 56～60 HRC。
③ 其余应符合 GB/T4170—2006 的规定。

图 2-21 矩形定位元件(摘自 GB/T4169.21—2006)

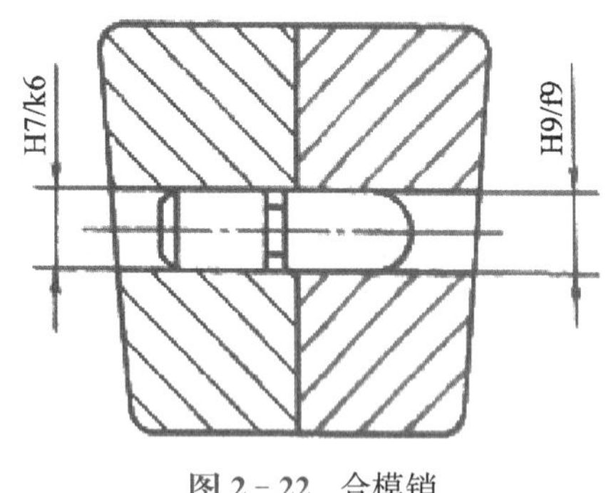

图 2-22 合模销

7. 合模销材料选用

垂直于分型面的组合式型腔，常采用两个合模销来保证锥模套中的拼块相对位置的准确性。其固定端部分采用 H7/k6 过渡配合，滑动端部分采用 H9/f9 间隙配合，以保证开模时合模销不被拔出，如图 2-22 所示，推荐使用与导柱相同的材料和硬度要求或者 45 钢，38～40 HRC。

对于承受很大侧向压力的模具，还要设计锥面与斜面定位机构，或对于成型精度要求高的大型、深腔、薄壁塑件，型腔内侧向压力可能引起型腔或型芯的偏移。如果这种侧向压力完全由导柱承担，会造成导柱折断或咬死，这时也应设计锥面与斜面定位机构。锥面定位有 3 种形式：第一种型腔模板环抱型芯模板，如图 2-23 所示，成型中在型腔内熔体压力下凹模侧壁向外张开，使对合面出现间隙而影响精度；第二种是型芯模板环抱型腔模板，成型中对合面会贴得更紧，可增加凹模的刚度，如图 2-24 所示，锥面角度越小，承受的错模力越大，越有利于定位。随锥面角度减小，开模时摩擦力会增大，因而锥面角也不宜过小，一般取7°～15°，配合高度在 15 mm 以上，为提高使用寿命，配合面要淬火处理。也可以在锥面上嵌装淬硬的耐磨镶件，如图 2-25 所示，磨损后也便于更换。

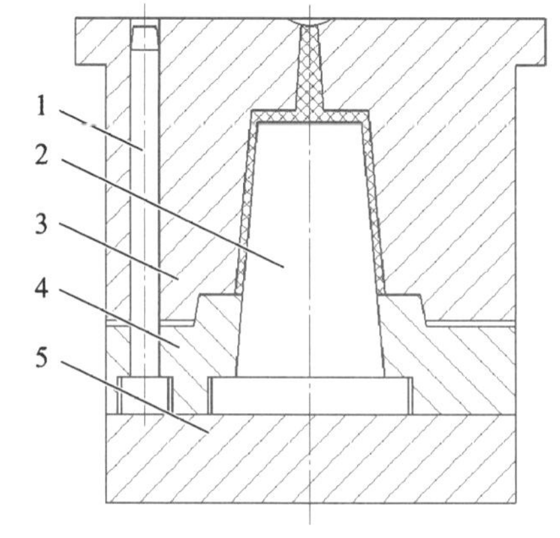

1—导柱；2—型芯；3—型腔模板；4—型芯模板；5—支承板

图 2-23 型腔模板环抱型芯模板锥面定位机构

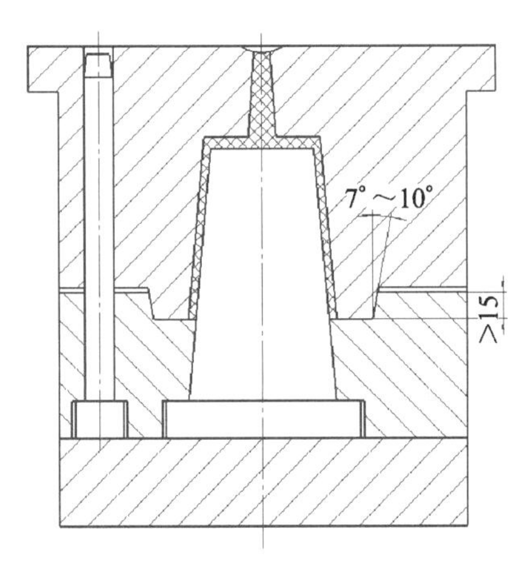

图 2－24　型芯模板环抱型腔模板锥面定位机构

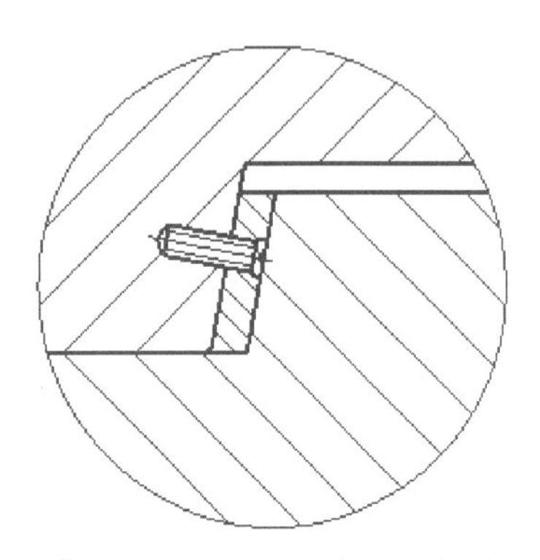

图 2－25　锥面上添加耐磨镶件

2.2.5　斜导柱侧抽芯机构零件材料的选用

斜导柱侧抽芯机构零件包括斜导柱(图 2－3 中的 10)、滑块(图 2－3 中的 11)、限位块(图 2－3 中的 5)、楔紧块(图 2－3 中的 9)、螺钉(图 2－3 中的 6)、弹簧(图 2－3 中的 7)等,都是标准件。

1. 斜导柱材料选用

斜导柱推荐选用 T8A、T10A、20 钢渗碳处理。热处理要求硬度大于 55 HRC,表面粗糙度值 $Ra \leqslant 0.8\ \mu m$,如图 2－26 所示。

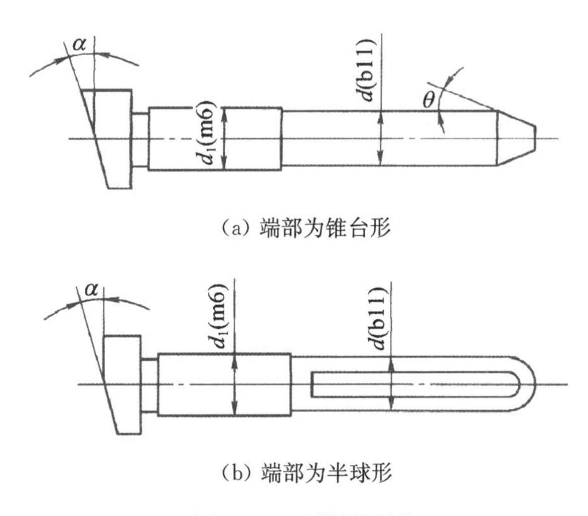

(a) 端部为锥台形

(b) 端部为半球形

图 2－26　斜导柱结构

2. 滑块材料选用

滑块材料推荐选用 45 钢或 T8、T10,硬度 40 HRC 以上,如图 2－27 所示。

3. 楔紧块材料选用

楔紧块材料同定模座板,一般选用 45 钢,如图 2－28 所示。

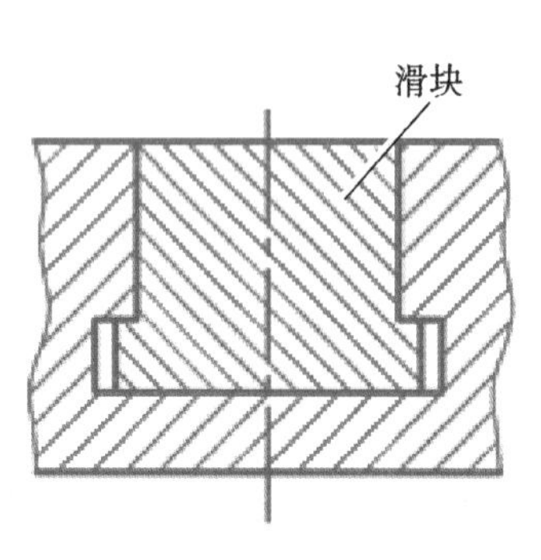

图 2-27　滑块工作示意图

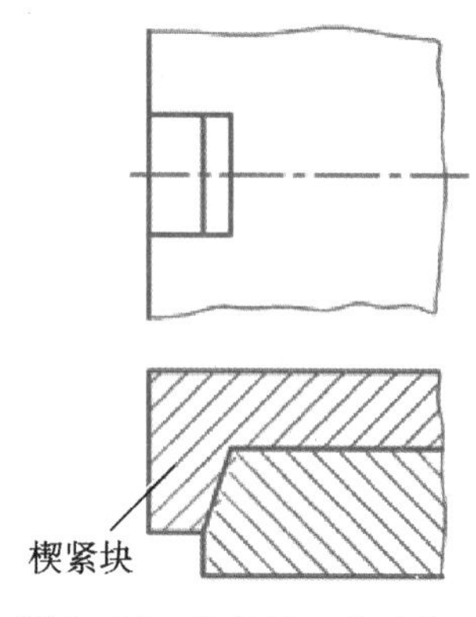

图 2-28　楔紧块工作示意图

4. 限位块与螺钉、弹簧材料选用

限位块推荐选用 45 钢，螺钉、弹簧是标准件。

2.2.6　推出机构零件材料的选用

推出机构是指注塑模开模时，将塑件与模具分开并将塑件推出的机构。包括推杆(图2-1中的 11)、推管、推件板(图 2-5 中的 3)等推出元件，推板导柱和导套等导向元件，以及推板(图 2-1中的 9)、推杆固定板(图 2-1 中的 8)、复位杆、支承钉等组成。推出元件直接与塑件接触并完成推出塑件的动作，其设计及材料选用的好坏直接决定着模具能否正常工作。

1. 推杆材料的选用

根据国家标准，推杆的尺寸规格和公差、材料选用和硬度要求、标记如图 2-29 所示。

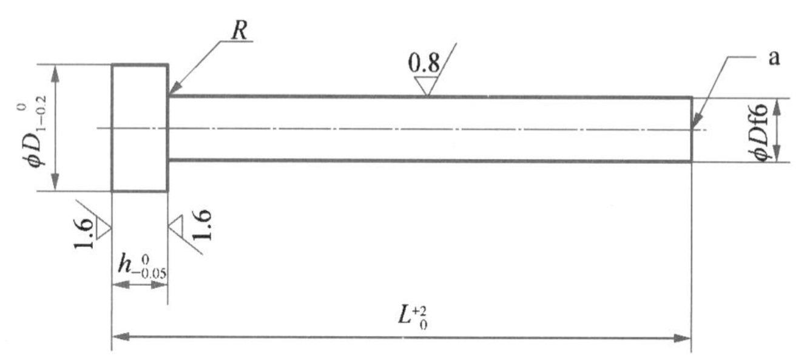

未注表面粗糙度 $Ra=6.3\ \mu m$

a 为端面不允许留有中心孔，棱边不允许倒钝

标记示例：直径 $D=1$ mm，长度 $L=80$ mm 的推杆标记为推杆 1×80 GB/T4169.1—2006

注：① 材料由制造者选定，推荐采用 4Cr5MoSiV1、3Cr2W8V。

② 硬度 50～55 HRC，其中固定端 30 mm 范围内硬度 35～45 HRC。

③ 淬火后表面可进行渗氮处理，渗氮层深度为 0.08～0.15 mm，心部硬度 40～44 HRC，表面硬度不低于 900 HV。

④ 其余应符合 GB/T4170—2006 的规定。

图 2-29　推杆(摘自 GB/T4169.1—2006)

2. 带肩推杆材料的选用

根据国家标准，带肩推杆的尺寸规格和公差、材料选用和硬度要求、标记如图 2-30 所示。

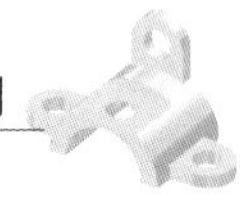

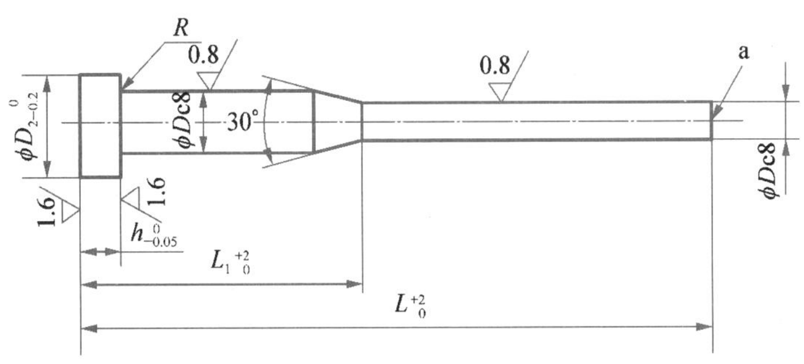

未注表面粗糙度 $Ra=6.3$ μm
a 为端面不允许留有中心孔，棱边不允许倒钝
标记示例：直径 $D=1$ mm，长度 $L=80$ mm 的带肩推杆标记为带肩推杆 1×80 GB/T4169.16—2006
注：① 材料由制造者选定，推荐采用 4Cr5MoSiV1、3Cr2W8V。
② 硬度 45～50 HRC。
③ 淬火后表面可进行渗碳处理，渗碳层深度为 0.08～0.15 mm，心部硬度 40～44 HRC，表面硬度不低于 900 HV。
④ 其余应符合 GB/T4170—2006 的规定。

图 2-30　带肩推杆（摘自 GB/T4169.16—2006）

3. 扁推杆材料的选用

根据国家标准，扁推杆的尺寸规格和公差、材料选用和硬度要求、标记如图 2-31 所示。

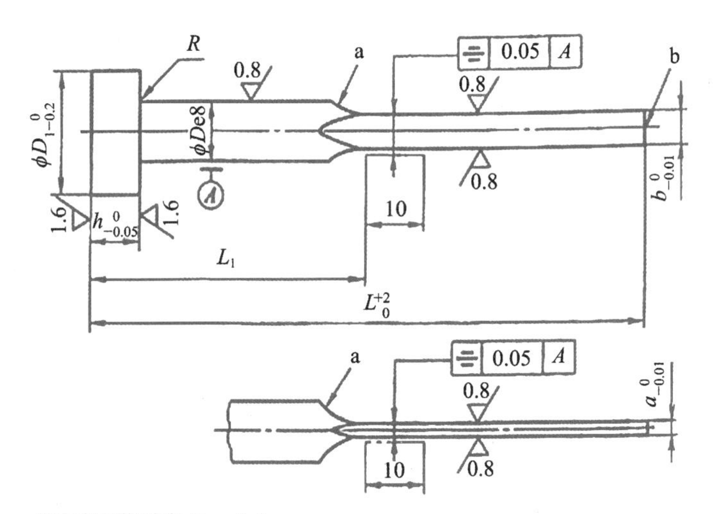

未注表面粗糙度 $Ra=6.3$ μm
a 为圆弧半径小于 10 mm
b 为端面不允许留有中心孔，棱边不允许倒钝
标记示例：厚度 $a=1$ mm、宽度 $b=4$ mm、长度 $L=100$ mm 的扁推杆标记为扁推杆 1×4×100 GB/T4169.15—2006
注：① 材料由制造者选定，推荐采用 4Cr5MoSiV1、3Cr2W8V。
② 硬度 45～50 HRC。
③ 淬火后表面可进行渗碳处理，渗碳层深度为 0.08～0.15 mm，心部硬度 40～44 HRC，表面硬度不低于 900 HV。
④ 其余应符合 GB/T4170—2006 的规定。

图 2-31　扁推杆（摘自 GB/T4169.15—2006）

4. 推管材料的选用

根据国家标准,推管的尺寸规格和公差、材料选用和硬度要求、标记如图 2-32 所示。

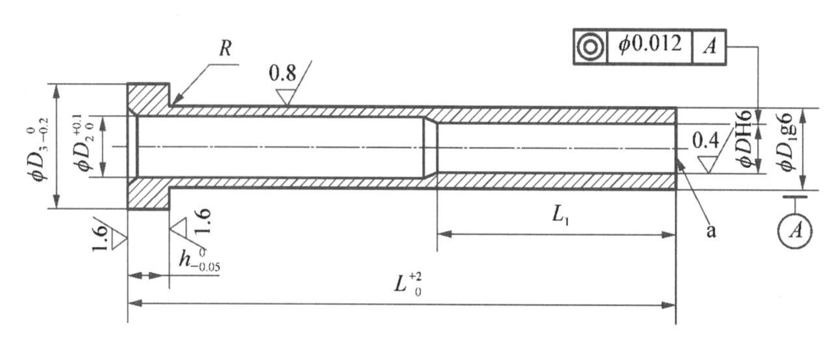

未注表面粗糙度 Ra=6.3 μm;未注倒角 1 mm×45°
a 为端面棱边不允许倒钝
标记示例:直径 D=2 mm、长度 L=80 mm 的推管,标记为推管 2×80 GB/T4169.17—2006
注:① 材料由制造者选定,推荐采用 4Cr5MoSiV1、3Cr2W8V。
② 硬度 45~50 HRC。
③ 淬火后表面可进行渗碳处理,渗碳层深度为 0.08~0.15 mm,心部硬度 40~44 HRC,表面硬度不低于 900 HV。
④ 其余应符合 GB/T4170—2006 的规定。

图 2-32　推管(摘自 GB/T4169.17—2006)

5. 复位杆材料的选用

开模后,推杆或推管将塑件推出,必须返回其原始位置才能合模,进行下一次的注射成型。最常用的方法是复位杆回程,这种方法回程动作稳定可靠、简单、经济。当开模时,推杆向上顶出,复位杆突出模具的分型面;当模具闭合时,复位杆先与定模侧的分型面接触,注射机继续闭合,使复位杆随同推出机构一同返回原始位置。根据国家标准,复位杆的尺寸规格和公差、材料选用和硬度要求、标记如图 2-33 所示。

6. 推板和推杆固定板材料的选用

开模时,注塑机顶杆推动推板,推板传递注塑机推出力作用于顶杆和复位杆上,推出塑件,推板同时用于支承推出复位零件,也可用作推杆固定板和热固性塑料压缩模、挤出模和金属压注模中的推板。根据国家标准,推板和推杆固定板的尺寸规格和公差、材料选用和硬度要求、标记如图 2-34 所示。

7. 顶出机构导柱材料的选用

有些模具塑件顶出部位面积受到限制,使得推杆必须做成细长形,或大型模具设置的推杆数量较多,以及某些模具推出机构受力不均衡时(脱模力的总重心与机床推杆不重合),模具工作中推板可能发生偏斜,造成推杆弯曲或折断,此时应考虑设置导向装置,以保证推板移动时不偏斜。通常采用导柱,也可加上导套来实现导向。当模脚支承跨度大时,导柱还可兼起辅助支承作用。导柱与导向孔或导套的配合长度不应小于 10 mm。根据国家标准,推板导柱的尺寸规格和公差、材料选用和硬度要求、标记如图 2-35 所示。

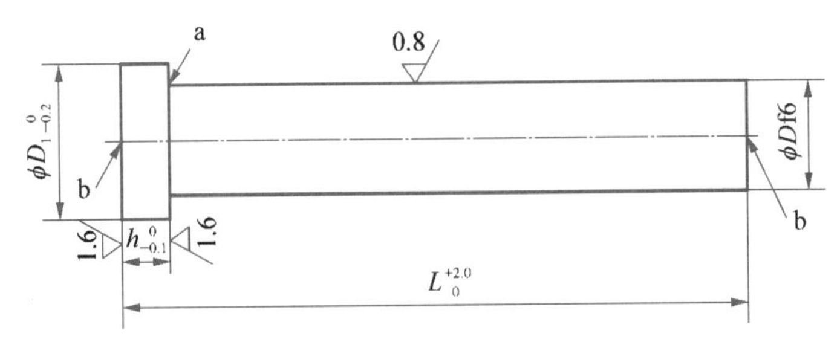

未注表面粗糙度 Ra=6.3 μm
a 为可选砂轮越程槽或 R 0.5～1 mm 圆角
b 为端面允许留有中心孔
标记示例：直径 D=10 mm、长度 L=100 mm 的复位杆标记为复位杆 10×100 GB/T4169.13—2006
注：① 材料由制造者选定，推荐采用 T10A、GCr15。
② 硬度 56～60 HRC。
③ 其余应符合 GB/T4170—2006 的规定。

图 2-33　复位杆(摘自 GB/T4169.13—2006)

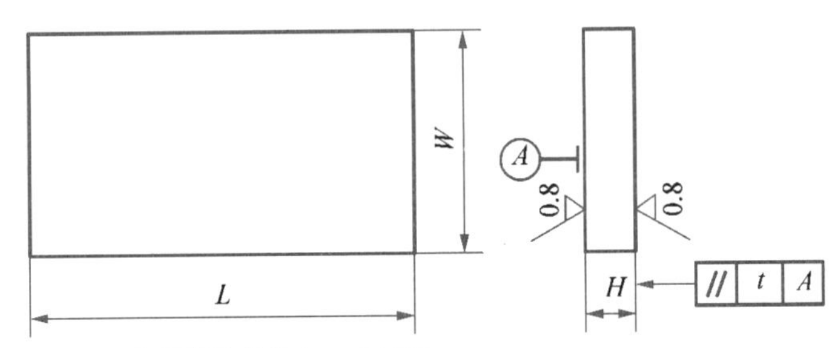

未注表面粗糙度 Ra=6.3 μm；全部棱边倒角 2 mm×45°
标记示例：宽度 W=90 mm、长度 L=150 mm、厚度 H=13 mm 的推板标记为推板 90×150×13 GB/T4169.7—2006
注：① 材料由制造者选定，推荐采用 45 钢。
② 硬度 28～32 HRC。
③ 标注的形位公差应符合 GB/T1184—1996 的规定，t 为 6 级精度。
④ 其余应符合 GB/T4170—2006 的规定。

图 2-34　推板和推杆固定板(摘自 GB/T4169.7—2006)

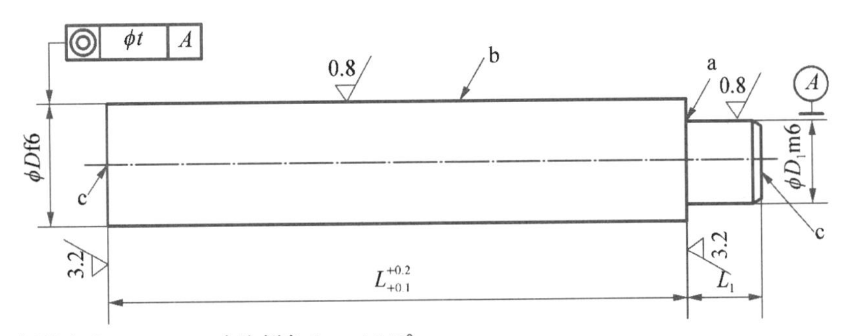

未注表面粗糙度 Ra=6.3 μm；未注倒角 1 mm×45°
a 为可选砂轮越程槽或 R 0.5～1 mm 圆角
b 为允许开油槽
c 为允许保留两端的中心孔
标记示例：直径 D=30 mm、长度 L=100 mm 的推板导柱标记为推板导柱 30×100 GB/T4169.14—2006
注：① 材料由制造者选定，推荐采用 T10A、GCr15、20Cr。
② 硬度 56～60 HRC，20Cr 渗碳 0.5～0.8 mm，硬度 56～60 HRC。
③ 标注的形位公差应符合 GB/T1184—1996 的规定，t 为 6 级精度。
④ 其余应符合 GB/T4170—2006 的规定。

图 2-35　推板导柱(摘自 GB/T4169.14—2006)

8. 支承钉材料的选用

支承钉用于支承推出机构，使推出机构复位平稳，同时还为模具工作时产生的垃圾异物留出存放空间，防止阻塞，因此又叫垃圾钉。根据国家标准，垃圾钉的尺寸规格和公差、材料选用和硬度要求、标记，见表 2-3。

表 2-3 支承钉(摘自 GB/T4169.9—2006) mm

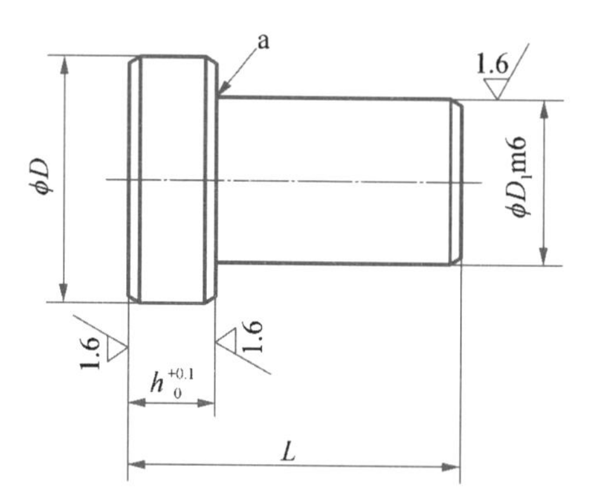

未注表面粗糙度 Ra=6.3 μm；未注倒角 1 mm×45°
a 为可选砂轮越程槽或 R 0.5～1 mm 圆角
标记示例：直径 D=16 mm 的限位钉标记为限位钉 16 GB/T4169.9—2006

D	D_1	h	L
16	8	5	16
20	16	10	25

注：① 材料由制造者选定，推荐采用 45 钢。
② 硬度 40～45 HRC。
③ 其余应符合 GB/T4170—2006 的规定。

2.2.7 支承与紧固零件材料的选用

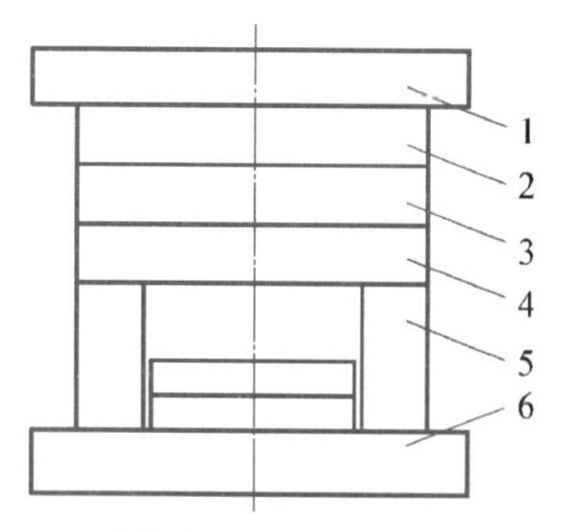

1—定模座板；2—定模板；3—动模板；4—支承板；5—垫块；6—动模座板

图 2-36 注塑模支承零件典型组合

支承与紧固零件构成注塑模的基本骨架，这些零件起装配、定位和连接作用，包括动模座板、定模座板、动模板、定模板、支承板、垫块(模脚)等，根据成型塑件的结构、塑料性能及模具设计要求等，支承与紧固零件有多种组合，其典型组合如图 2-36 所示。

1. 模板材料的选用

固定式注塑模具中的动模座板和定模座板是连接模具与注塑机的模板，同时也是固定动模部分和定模部分的基座。所以，两座板的尺寸轮廓和安装孔必须与注塑机上模具的安装板相适应。同时，两座板还必须具备一定的强度和刚度。

动模板和定模板是固定凸模或型芯、凹模、导柱和导套等零

件的固定板。为了保证凸模、凹模等零件固定稳固，动、定模座板应有足够的强度、刚度和厚度。

支承板是垫在动、定模板后面的模板，以防止型芯或凸模、凹模、导柱、导套等零件脱出，并承受一定的成型压力。因此，支承板应具有足够的强度和刚度，增强模具的刚度和防止变形，提高塑件精度。

根据国家标准，注塑模用模板分 A 型标准模板和 B 型标准模板。其中，A 型标准模板用于定模板、动模板、推件板、支承板，其尺寸规格和公差、材料选用和硬度要求、标记如图 2－37 所示；B 型标准模板用于定模座板和动模座板，其尺寸规格和公差、材料选用和硬度要求、标记，如图 2－38 所示。

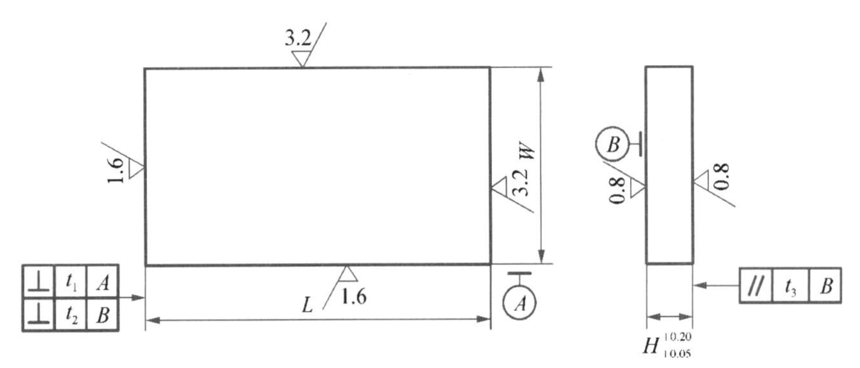

全部棱边倒角 2 mm×45°
标记示例：宽度 W=150 mm、长度 L=150 mm、厚度 H=20 mm 的 A 型模板标记为模板 A 150×150×20 GB/T4169.8—2006
注：① 材料由制造者选定，推荐采用 45 钢。
② 硬度 28～32 HRC。
③ 未注尺寸公差等级应符合 GB/T1801—1999 中的 js13 的规定。
④ 未注形位公差应符合 GB/T1184—1996 的规定，t_1、t_3 为 5 级精度，t_2 为 7 级精度。
⑤ 其余应符合 GB/T4170—2006 的规定。

图 2－37　A 型标准模板(摘自 GB/T4169.8—2006)

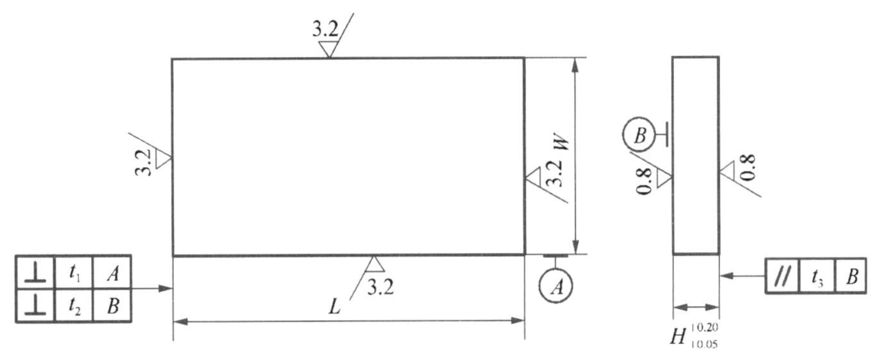

全部棱边倒角 2 mm×45°
标记示例：宽度 W=200 mm、长度 L=150 mm、厚度 H=20 mm 的 B 型模板标记为模板 B 150×150×20 GB/T4169.8—2006
注：① 材料由制造者选定，推荐采用 45 钢。
② 硬度 28～32 HRC。
③ 未注尺寸公差等级应符合 GB/T1801—1999 中的 js13 的规定。
④ 未注形位公差应符合 GB/T1184—1996 的规定，t_1 为 7 级精度，t_2 为 9 级精度，t_3 为 5 级精度。
⑤ 其余应符合 GB/T4170—2006 的规定。

图 2－38　B 型标准模板(摘自 GB/T4169.8—2006)

2. 垫块和支承柱材料的选用

垫块又称模脚，是垫在支承板和动模座板之间以形成推出机构运动空间的零件，也用于调节模具总高度，以适应注塑机上模具安装空间对模具总高度的要求。所有垫块应具有相同的高度，以防止负荷不均造成动模板损坏。根据国家标准，垫块的尺寸规格和公差、材料选用和硬度要求、标记如图 2-39 所示。

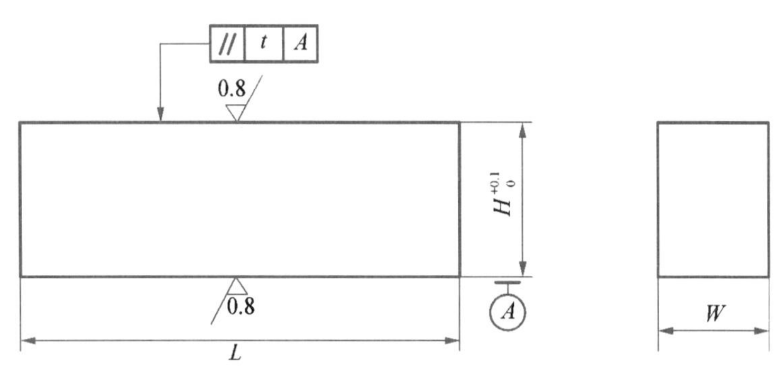

未注表面粗糙度 $Ra=6.3\ \mu m$；全部棱边倒角 2 mm×45°
标记示例：宽度 $W=28$ mm、长度 $L=150$ mm、厚度 $H=50$ mm 的垫块标记为垫块 28×150×50 GB/T4169.6—2006
注：① 材料由制造者选定，推荐采用 45 钢。
② 标注的形位公差应符合 GB/T1184—1996 的规定，t 为 5 级精度。
③ 其余应符合 GB/T4170—2006 的规定。

图 2-39 垫块材料选用(摘自 GB/T4169.6—2006)

对于大型模具，可在支承板和动模座板之间设置支承柱，以增强动模刚度，如图 2-40 所示。根据国家标准，支承柱分为 A 型标准支承柱和 B 型标准支承柱，其尺寸规格和公差、材料选用和硬度要求、标记分别如图 2-41 和图 2-42 所示。

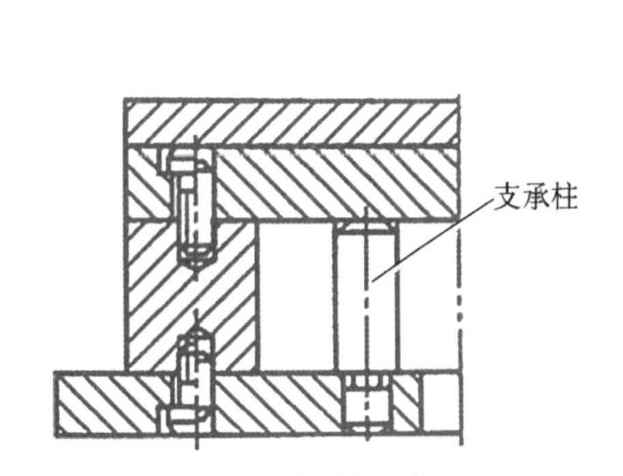

图 2-40 支承柱工作示意

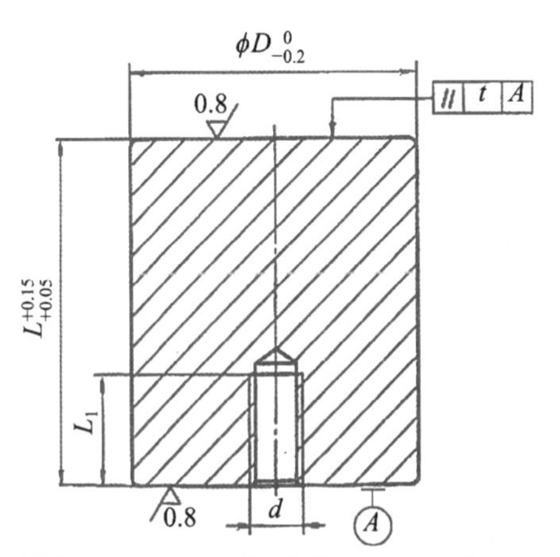

未注表面粗糙度 $Ra=6.3\ \mu m$；未注倒角 1 mm×45°
标记示例：直径 $D=25$ mm、长度 $L=80$ mm 的 A 型支承柱标记为支承柱 A 25×80 GB/T4169.10—2006
注：① 材料由制造者选定，推荐采用 45 钢。
② 硬度 28～32 HRC。
③ 标注的形位公差应符合 GB/T1184—1996 的规定，t 为 6 级精度。
④ 其余应符合 GB/T4170—2006 的规定。

图 2-41 A 型标准支承柱材料选用(摘自 GB/T4169.10—2006)

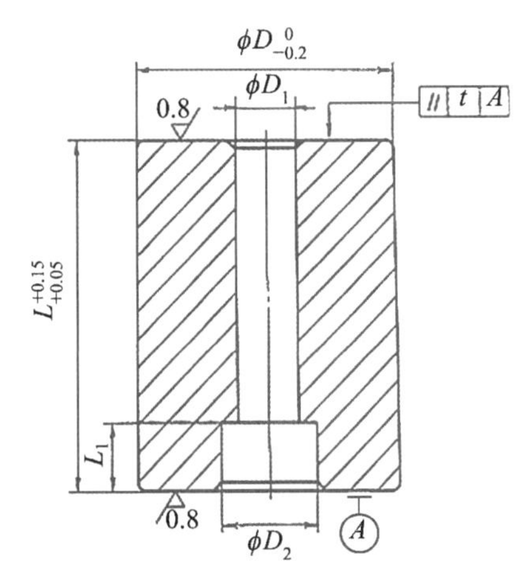

未注表面粗糙度 Ra=6.3 μm；未注倒角 1 mm×45°
标记示例：直径 D=25 mm、长度 L=80 mm 的 B 型支承柱标记为支承柱 B 25×80 GB/T4169.10—2006
注：① 材料由制造者选定，推荐采用 45 钢。
② 硬度 28～32 HRC。
③ 标注的形位公差应符合 GB/T1184—1996 的规定，t 为 6 级精度。
④ 其余应符合 GB/T4170—2006 的规定。

图 2 - 42　B 型标准支承柱材料选用(摘自 GB/T4169.10—2006)

3. 定位环材料的选用

定位环又叫定位圈，其作用是使主流道与喷嘴和机筒对中，便于机筒内熔融塑料顺利注入模具主流道。定位环与注塑机定模座板中心的定位孔相配合，根据国家标准，其尺寸规格和公差、材料选用和硬度要求、标记如图 2 - 43 所示。

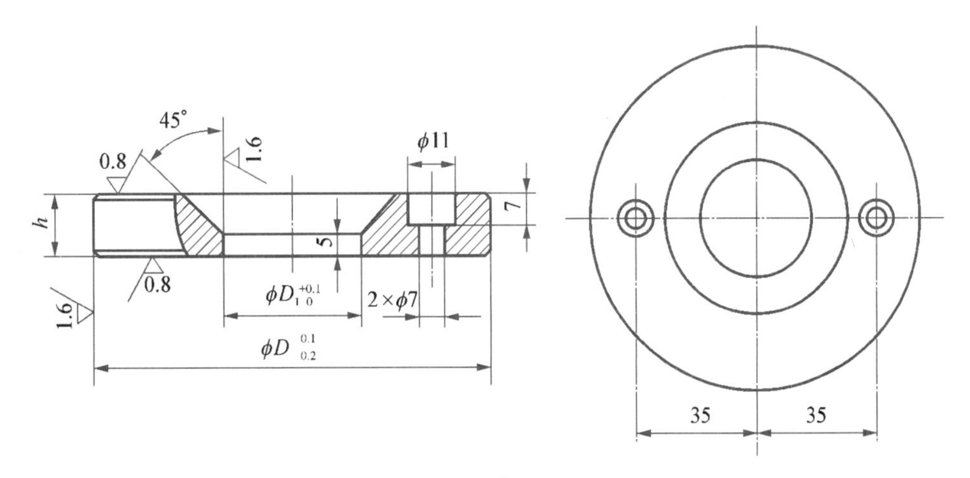

未注表面粗糙度 Ra=6.3 μm；未注倒角 1 mm×45°
标记示例：直径 D=100 mm 的定位圈标记为定位圈 100 GB/T4169.18—2006
注：① 材料由制造者选定，推荐采用 45 钢。
② 硬度 28～32 HRC。
③ 其余应符合 GB/T4170—2006 的规定。

图 2 - 43　定位环的材料选用(摘自 GB/T4169.18—2006)

4. 拉模扣材料的选用

拉模扣分矩形拉模扣和圆形拉模扣，根据国家标准，矩形拉模扣和圆形拉模扣的尺寸规格和公差、材料选用和硬度要求、标记分别如图 2-44 和图 2-45 所示。

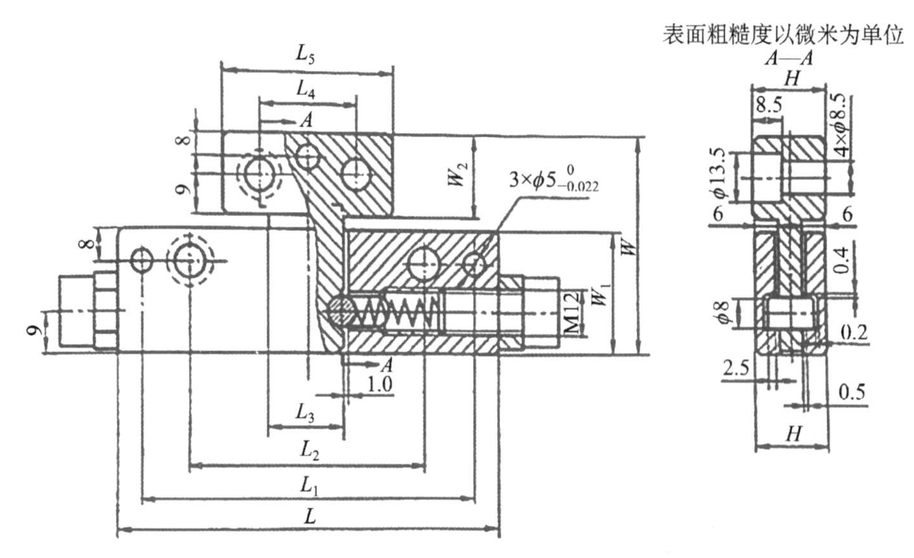

未注倒角 1 mm×45°

标记示例：宽度 W=52 mm、长度 L=100 mm 的矩形拉模扣标记为矩形拉模扣 52×100 GB/T4169.23—2006

注：① 材料由制造者选定，本体与插体推荐采用 45 钢，顶销推荐采用 GCr15。

② 插件硬度 40～45 HRC，顶销硬度 58～62 HRC。

③ 最大使用负荷应达到：L=100 mm 为 10 kN，L=120 mm 为 12 kN。

④ 其余应符合 GB/T4170—2006 的规定。

图 2-44　矩形拉模扣材料选用(摘自 GB/T4169.23—2006)

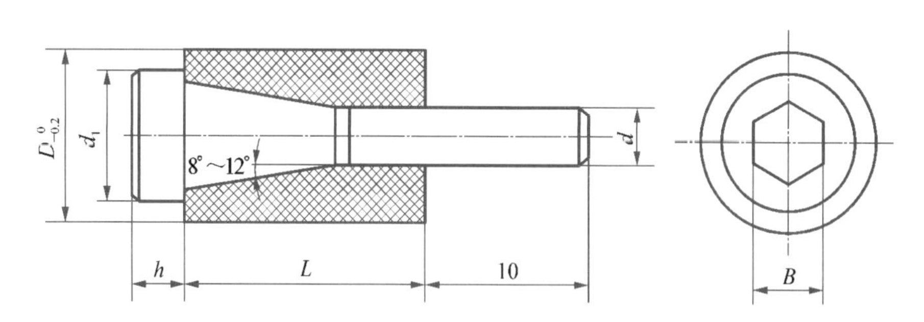

未注倒角 1 mm×45°

标记示例：直径 D=12 mm 的圆形拉模扣标记为圆形拉模扣 12 GB/T4169.22—2006

注：① 材料由制造者选定，推荐采用尼龙 66。

② 螺钉推荐采用 45 钢，硬度 28～32 HRC。

③ 其余应符合 GB/T4170—2006 的规定。

图 2-45　圆形拉模扣材料选用(摘自 GB/T4169.22—2006)

2.3 其他塑料成型模具材料选用

按成型工艺，塑料成型模具有多种，其中最常用的是注射成型，其次压缩成型模具和压注成型模具也用得较多。例如，常见的电器开关外壳、插座、风扇叶片等产品就采用压缩压注成型，工业产品采用压缩压注成型的也颇多。

2.3.1 压缩、压注成型模具的结构及零件组成

1. 压缩模常见结构分类

压缩模是将原材料放入模具加料腔，在柱塞加压和加热板加热的情况下使材料硬化成型，然后开模取出产品的模具。根据加料腔的形式、分型面形式等分类有如下结构。

(1) 按加料腔的形式　分为不溢式压缩模、半溢式压缩模和溢式压缩模。

(2) 按型腔数目　分为单型腔压缩模和多型腔压缩模，其中多型腔压缩模分共用加料室和单加料室两种。

(3) 按分型面形式　分为水平分型面压缩模、垂直分型面压缩模和复合分型面压缩模；同时，还分单分型面压缩模和多分型面压缩模。

(4) 按压力机上的固定形式　分为固定式压缩模、半固定式压缩模和移动式压缩模。

2. 压缩模的零件组成

典型的压缩模具结构如图2-46所示，可分为装于压机上压板的上模和装于压机下压板

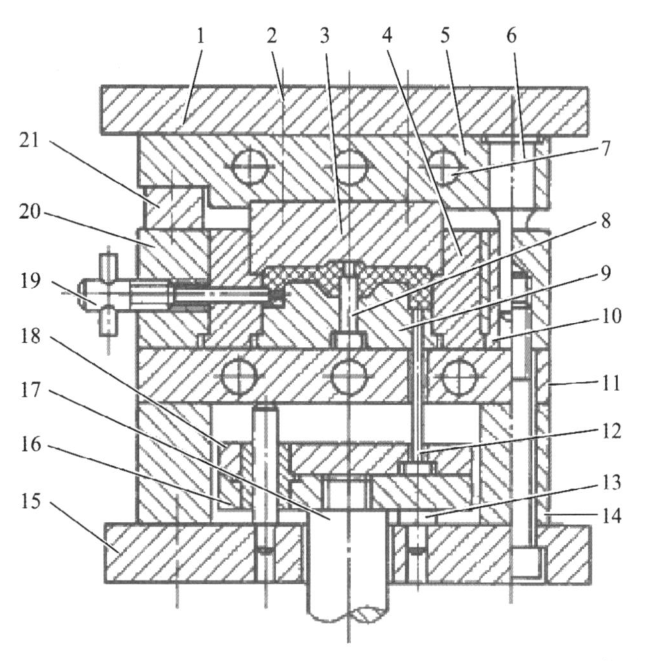

1—上模座板；2—螺钉；3—上凸模；4—加料室(凹模)；5、11—加热板；6—导柱；7—加热孔；8—型芯；9—下凸模；10—导向套；12—推杆；13—支承钉；14—垫块；15—下模座板；16—推板；17—连接杆；18—推杆固定板；19—侧型芯；20—型腔固定板；21—承压块

图2-46　压缩模的典型结构

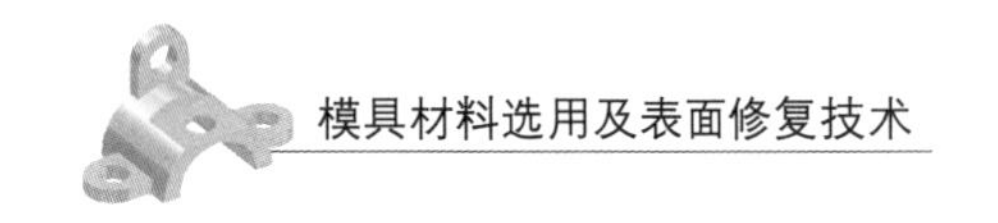

的下模两大部件。上下模闭合，使装于加料室和型腔中的塑料受热受压，成为熔融态充满整个型腔。当制件固化成型后，上下模打开，利用顶出装置顶出制件。压缩模具可进一步分为以下几大部件。

(1) 型腔　直接成型制品的部位，加料时与加料室一道起装料的作用，图 2－46 中的模具型腔由上凸模 3(常称为阳模)、下凸模 9、型芯 8、凹模 4(常称为阴模)和侧型芯 19 构成。凸模和凹模有多种配合形式，对制件成型有很大影响，与塑料直接接触，直接决定制件的几何形状和尺寸。

(2) 加料室　指凹模 4 的上半部，图中为凹模断面尺寸扩大部分。由于塑料与制品相比有较大的质量热容，成型前单靠型腔往往无法容纳全部原料，因此在型腔之上设有一段加料室。

(3) 导向机构　由布置在模具上模周边的 4 根导柱 6，和装有导向套 10 的导柱孔组成。导向机构用来保证上下模合模的对中性。为保证顶出机构水平运动，该模具在底板上还设有两根导柱，在顶出板上有带导向套的导向孔。

(4) 侧向分型抽芯机构　与注塑模具一样，对于带有侧凸和侧凹的塑件，模具必须设有各种侧向分型抽芯机构，塑件方能脱出。图中制件带有侧向抽芯机构，顶出前用手动丝杆抽出侧型芯。

(5) 脱模机构　压制件脱模机构与注塑模具相似，脱模机构由顶板、顶杆等零件组成。

(6) 加热系统　热固性塑料压制成型需在较高的温度下进行，因此模具必须加热，常见的加热方式有电加热、蒸汽加热、煤气或天然气加热等。加热板 5、11 分别对上凸模、下凸模和凹模加热，加热板圆孔中插入电加热棒。压制热塑性塑料时，在型腔周围开设温度控制通道，在塑化和定型阶段，分别通入蒸汽加热或通入冷水冷却。

(7) 排气机构　压缩成型过程中，必须排气，可参照注塑模排气结构设计。排气方法有利用模内的排气结构自然排气、通过压力机短暂卸压排放等。

3. 压注模常见结构分类

把预热的原料加到加料腔内，塑料经过加热塑化，在压力机柱塞的压力下经过模具的浇注系统挤入型腔，型腔内的塑料在一定压力和温度下保持一定时间充分固化，得到所需的塑件。在挤塑的时候，加料腔的底部必须留有一定厚度的塑料垫，以供压力传递。熔料经过浇注系统才进入型腔，会有一定的压力损失；而熔料经过浇注系统时，会产生摩擦热，使塑料的流动性增大，有利于填充型腔，又有利于提高塑料的固化速度。

压注成型是在压缩成型基础上发展起来的一种热固性塑料的成型方法，又称传递成型，结合了注塑成型工艺和压缩成型工艺的特点，能成型较精密的、带细薄嵌件的塑料制件。相应地，其结构也兼有注塑成型模具和压缩成型模具的结构特点。例如，压注模有单独的外加料室，物料塑化是在加料室内完成，因此模具需设置加热装置，同时与注塑模一样，具有浇注系统。

压注模具可分为罐式压注模和柱塞式压注模。其中，罐式压注模又分为移动式压注模和固定式压注模，柱塞式压注模又分为上加料室柱塞式压注模和下加料室柱塞式压注模。图 2－47 所示为移动式罐式压注模，图 2－48 所示为上加料式柱塞式压注模。

4. 压注模的零件组成

压注模的典型结构如图 2－49 所示(移动式柱塞式压注模)，在开模时分为柱塞、加料腔(与上模连在一起)和下模 3 部分。打开上分型面，拔出主流道废料并清理加料腔。打开下分型面，取制件和分浇注系统废料。类似于压缩模具，压注模具可分为以下几大部分。

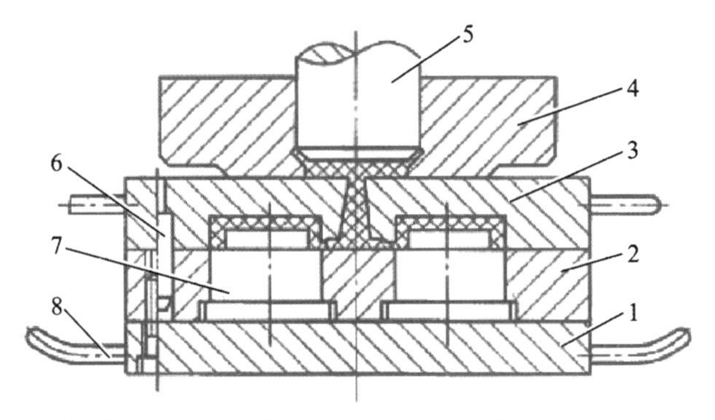

1—下模板；2—凸模固定板；3—凹模；4—加料室；5—压柱；6—导柱；7—型芯；8—手把

图 2-47　移动式罐式压注模

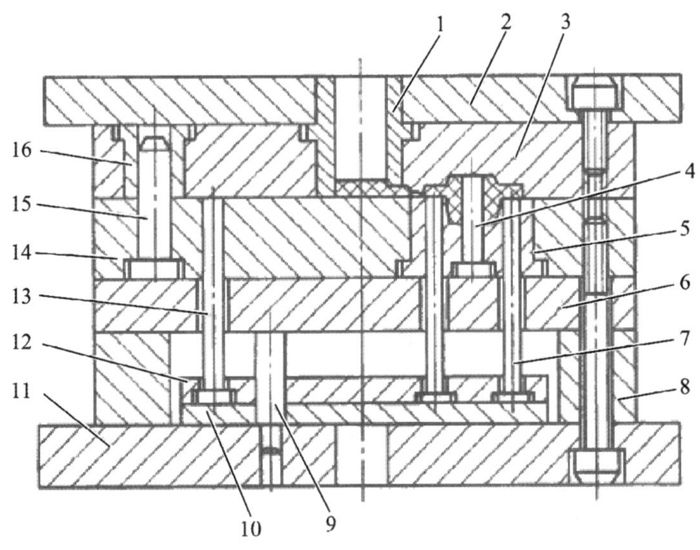

1—加料室；2—上模座板；3—上模板；4—型芯；5—凹模镶块；6—支承板；7—推杆；8—垫块；9—推板导柱；10—推板；11—下模座板；12—推杆固定板；13—复位杆；14—下模板；15—导柱；16—导套

图 2-48　上加料式柱塞式压注模

1—柱塞；2—加料室；3—上模座板；4—凹模；5—导柱；6—下模座板；7—型芯固定板；8—型芯

图 2-49　压注模的典型结构

(1) 型腔　型腔指直接成型塑件的腔体，包括凸模、凹模、型芯和侧向型芯等。型腔由零件 3、4、8 等组成，此模具为多型腔压注模。

(2) 加料腔　加料腔由柱塞 1 和加料室 2 构成。移动式压注模的加料腔和模具本身可以分开，开模前先卸下加料室，然后开模取出塑件并将柱塞从加料腔内取出。固定式压注模的加料腔与上模连接在一起。

(3) 浇注系统　多型腔压注模浇注系统与注塑模类似，可分为主流道、分流道和浇口，由零件 3、4 等组成。单型腔压注模一般只有主流道。与注塑模不同的是加料室底部可开设几个流道同时进入型腔。

(4) 导向机构　导向机构一般由导柱和导套组成，有时也可省去导套，直接由导柱和模板上的导向孔导向。在柱塞和加料室之间，在型腔和各分型面之间及推出机构中，均应设导向机构。图中的导向机构由零件 5 等组成。

(5) 加热系统　在固定式压注模中，对柱塞、加料腔和上下模部分应分别加热。加热方式通常有电加热、蒸汽加热等。

除以上几大部分外，压注模也有与注塑模、压缩模类似的推出机构和侧向分型抽芯机构等。

2.3.2　压缩、压注成型模具材料的选用

压缩、压注成型模具常用材料见表 2-4。

表 2-4　压缩、压注成型模具零件常用材料

零件类型	零件名称	使用场合	材料选用	硬度要求(HRC)	热处理方式
型腔零件	凸模 凹模 型芯 成型镶件 螺纹型芯 螺纹型环 成型推杆	形状简单、要求不高的型芯、型腔	45	22～26 43～48	调质 淬火
		形状简单的小型芯、型腔	T8A、T10A	54～58	淬火
		形状复杂，热处理变形要求小的型芯、型腔或镶件、增强塑料的成型模具	CrWMn CrNiMo Cr12MoV Cr12 Cr4Mn2SiWMoV	54～58	淬火
			18CrMnTi 15CrMnMo	54～58	渗碳、淬火
		高耐磨、高强度、高韧性的大型型芯、型腔等	40CrMnMo	54～58	淬火
		形状复杂、要求耐腐蚀的高精度型芯、型腔	38CrMoAlA	100HV	调质氮化
浇注系统零件	浇口套 分流锥 拉料杆 拉料套		T8A、T10A	50～55	淬火

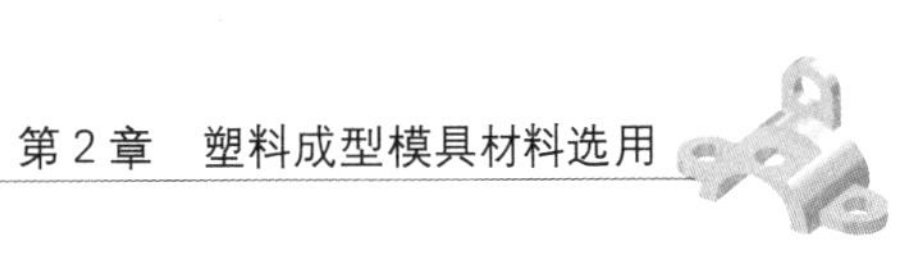

续　表

零件类型	零件名称	使用场合	材料选用	硬度要求(HRC)	热处理方式
导向机构零件	导柱		20 T8、T10	56～60	渗碳、淬火 淬火
	推板导柱 推板导套 限位导柱 导钉		T8A、T10A	50～55	淬火
	导套		T8A、T10A	50～55	淬火
脱模机构零件	推杆 推管 推板		T8A、T10A	54～58	淬火
	复位杆 推块		45	43～48	淬火
	推杆固定板 卸模杆固定板		45、Q235		
	挡块、挡钉		45	43～48	淬火
	尾轴		45	43～48	淬火
板套类零件	上、下模板 上、下模座板		45	43～48	调质
	垫板 浇口板 锥模套		45	43～48	淬火
	固定板		45、Q235	43～48	调质
	推件板		T8A、T10A 45	54～58	淬火 调质
	加热板		45	50～55	调质
支承零件	支承柱，承压板		45	43～48	淬火
	垫块		45、Q235		
定位零件	定位圈		45、Q235		
	圆锥定位件		T10A	58～62	淬火
	限位钉 定位螺钉 限制块		45	43～48	淬火
侧抽芯机构零件	斜导柱 滑块 斜滑块		T8A、T10A	54～58	淬火

续 表

零件类型	零件名称	使用场合	材料选用	硬度要求(HRC)	热处理方式
	楔块		T8A、T10A 45	54～58 43～48	淬火
其他零件	柱塞 加料圈		T8A、T10A	50～55	淬火
	喷嘴 水嘴		黄铜		
	手柄 套筒		Q235		
	吊钩		45、Q235		

2.4 新型塑料成型模具材料

塑料成型模具材料一直在研究开发中,近期常使用的新型材料如下:

① 马氏体析出硬化型镜面塑料模具钢 10Ni3MnCuAlMo(PMS)用于要求有高镜面的精密模具,如光学透明塑料镜片模具。

② 5CrNiMnMoVSCa(5NiSCa)适用于大型塑料模具,使用硬度为 35～45 HRC,具有良好的强韧性和抛光性能,属易切削非调质微合金化钢 FT,生产成本低。

③ 大截面易切削预硬钢 P20BSCa、P20SRE,其中 P20BSCa 特别适合于大型或超大型塑料模具的使用、P20SRE 可满足大截面塑料模具钢的常规性能要求。

④ 低镍马氏体时效钢 06Ni6CrMoVTiAl 用于精密复杂的塑料模具,如照相机模。

⑤ 马氏体时效析出硬化不锈钢 0Cr16Ni4Cu3Nb(PCR)用于高硬度、耐腐蚀的精密塑料模具。

⑥ Mn-B 系中高碳空冷贝氏体钢空冷 12 钢,生产工艺简单、节能、成本低(因省去了淬火重新加热工序)、模具寿命长;Mn-B-S-Ca 系中碳低合金易切削空冷贝氏体钢 Y82,其特性与上述的空冷 12 钢相似,在热成型后空冷再经中温回火,获得硬度约为 40 HRC 及良好的强韧性配合,如用于电视机壳模具。

⑦ 含硫系易切削预硬钢 Y55CrNiMnMoV(SM1)、8Cr2MnWMoVS 具有高的强韧性、优良的镜面抛光性,可渗氮后用于高精度模具。

⑧ 4Cr5MoSiVS(H11+S)钢属易切削预硬钢,用于要求耐热耐磨的大中型塑料模;3Cr2MnMo 钢(低硫)为通用型,用于一般要求的中小型模具;3Cr2NiMnMo 钢(低硫)为高级型,用于大型精密复杂长寿命模具;3Cr2NiMnMoV 钢(超低硫+Ca)为超级型,用于特大型精密复杂长寿命的模具。

⑨ 新型有色合金由铸造锌基合金(4%Al-3%Cu-0.05%Mg)制模后，可在模具表面直接电镀硬铬，制模周期短、成本低，用于型腔复杂的吹塑、吸塑模；析出硬化型铜基合金(3.5%～6.0%Ti，<0.2%Ni)经固溶处理后冷压成型，再时效硬化，该材料生产出的模具型腔质量良好。

2.5　实例分析

实例　遥控器外壳塑件简图如图2-50所示，注塑成型此塑件的注塑模装配简图如图2-51所示。请根据经验数据或查阅相关设计手册，填写图2-51中注塑模装配简图明细表中材料一栏。

1. 成型部分零件材料选用

该遥控器外壳属于配合件，配合尺寸有精度要求。该塑件也属于外观件，要求表面光洁、无变形，因此要求成型部分零件在使用过程中变形小。为减少零件热处理变形对尺寸的影响，零件选用预硬化钢P20。P20在加工制造前已经预先热处理，达到所需硬度，加工成相应零件后可直接装配使用。在该模具中，成型部分零件包括型腔14、型芯18和动模镶块24，其零件材料选用见表2-5。

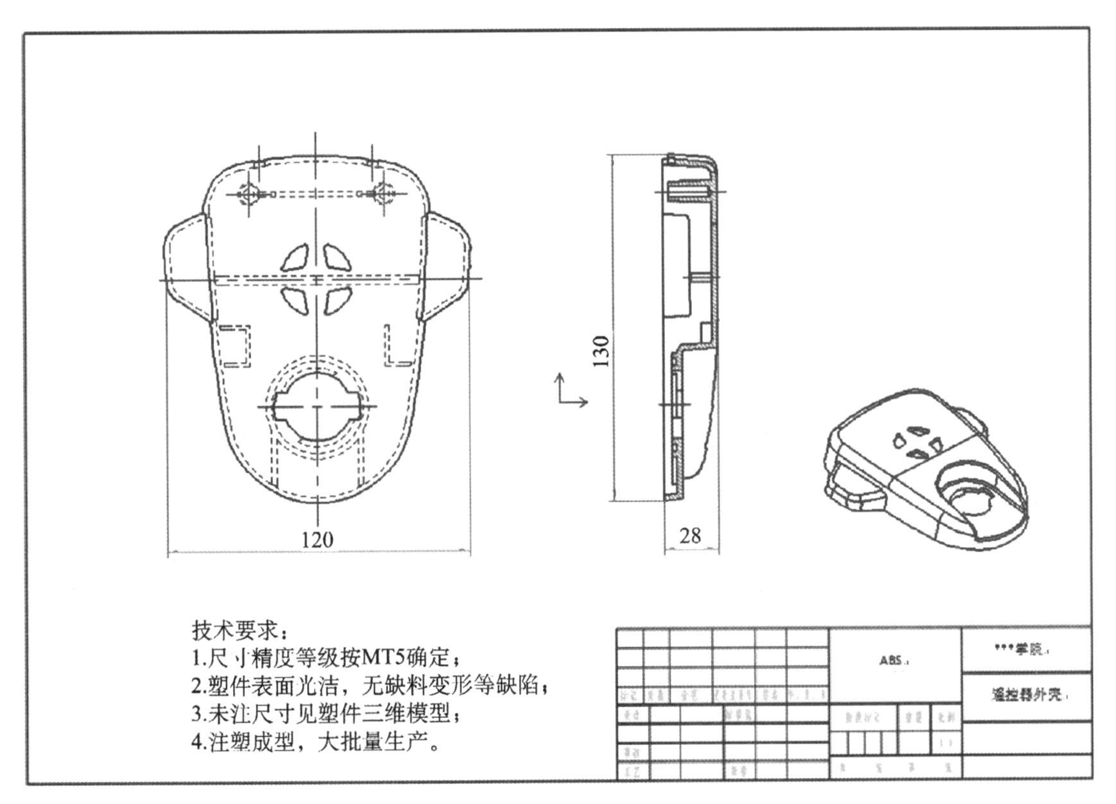

图2-50　遥控器外壳塑件简图

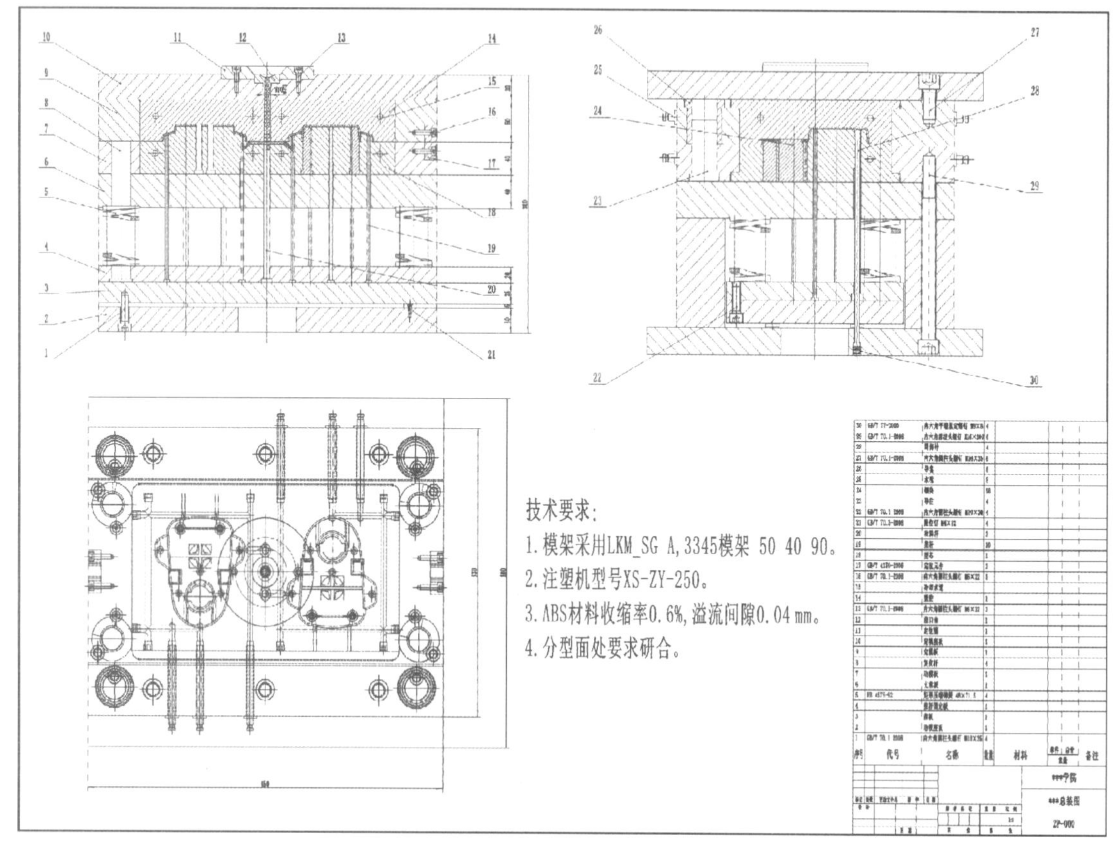

图 2-51　注塑模装配简图

表 2-5　遥控器外壳模具成型部分零件材料选用

序号	零件名称	材料	热处理硬度(HRC)	标准代号	备注
14	型腔	P20	50～55		
18	型芯	P20	50～55		
24	动模镶块	P20	50--55		

2. 浇注系统部分零件材料选用

模具的浇注系统直接与塑料接触,还要承受高温熔融塑料的冲刷,虽然国家标准推荐选用45钢,但为提高零件寿命,该模具中浇口套12选用T10A,SR球面热处理到50～55 HRC。拉料杆头部直接与塑料熔体接触,并且工作时与冷却后的浇注系统凝料有较大摩擦,选用T10A,头部淬火到50～55 HRC。浇注系统部分零件材料选用见表2-6。

3. 导向与定位机构零件材料选用

导向机构用于模具开合模的正确对中,该模具中由导柱23和导套26组成。工作时,导柱插入导向孔,与导套之间有摩擦作用,因此要求导柱和导套有较高的硬度和耐磨性。选用T10A优质碳素工具钢,并进行表面渗氮处理提高耐磨性。定位机构有定位圈11和矩形拉模

表 2-6　遥控器外壳模具浇注系统部分零件材料选用

序号	零件名称	材料	热处理硬度(HRC)	标准代号	备注
12	浇口套	T10A	50～55		表面渗氮
20	拉料杆	T10A	50～55		头部淬火

扣 17。其中，定位圈用于连接注塑机喷嘴和模具浇注系统，需要一定的强度和硬度，选用 T10A；矩形拉模扣用于模具存放和运输中动模部分和定模部分的锁合，根据国家标准，本体与插体可选用 45 钢，顶销选用 GCr15。导向与定位机构零件材料的选用见表 2-7。

表 2-7　导向与定位机构零件材料的选用

序号	零件名称	材料	热处理硬度(HRC)	标准代号	备注
11	定位圈	T10A	50～55		
17	矩形拉模扣	GCr15	58～62	GB/T4170—2006	
23	导柱	T10A	45～50		表面渗氮
26	导套	T10A	45～50		表面渗氮

4. 顶出机构零件材料选用

顶出机构用于模具开模后推出塑件以及保证合模时顶出机构的正确复位，包括推杆 19、司筒针 28、推杆固定板 4、推板 3、复位杆 8、复位的矩形压缩弹簧 5 以及限位钉 21。由于推杆和司筒针顶部与塑料熔体接触，工作时还承受一定的推出力，因此选用 3Cr2W8V；复位杆要承受一定的回复力作用，需要有一定的强度和刚度，因此选用 T10A；其余零件选用 45 钢即可。顶出机构零件材料的选用见表 2-8。

表 2-8　顶出机构零件材料的选用

序号	零件名称	材料	热处理硬度(HRC)	标准代号	备注
3	推板	45	28～32		
4	推杆固定板	45	28～32		
5	矩形压缩弹簧			HB4575-92	48X71.5
8	复位杆	T10A	50～55		
19	推杆	3Cr2W8V	45～50		
21	限位钉	45		GB/T70.3—2008	M4X12
28	司筒针	3Cr2W8V	45～50		

5. 支承与紧固零件材料选用

支承与紧固零件主要是整副模具的架构，有时也叫模架。支承零件主要是各类模板和模座板，包括动模座板、动模板、定模板、定模座板、支承板，其材料选用 45 钢；紧固零件就是螺钉，是标准件。支承与紧固零件材料的选用见表 2-9。

表 2-9　支承与紧固零件材料的选用

序号	零件名称	材料	热处理硬度(HRC)	标准代号	备注
1	内六角圆柱头螺钉			GB/T70.1—2008	M10X35
2	动模座板	45	28～32		
6	支承板	45	28～32		
7	动模板	45	28～32		
9	定模板	45	28～32		
10	定模座板	45	28～32		
13	内六角圆柱头螺钉			GB/T70.1—2008	M6X12
16	内六角圆柱头螺钉			GB/T70.1—2008	M6X22
22	内六角圆柱头螺钉			GB/T70.1—2008	M10X30
27	内六角圆柱头螺钉			GB/T70.1—2008	M16X35
29	内六角圆柱头螺钉			GB/T70.1—2008	M16X200
30	内六角平端紧定螺钉			GB/T77—2000	M9X8

最后，填写完整的材料选用数据，如图 2-52 所示。

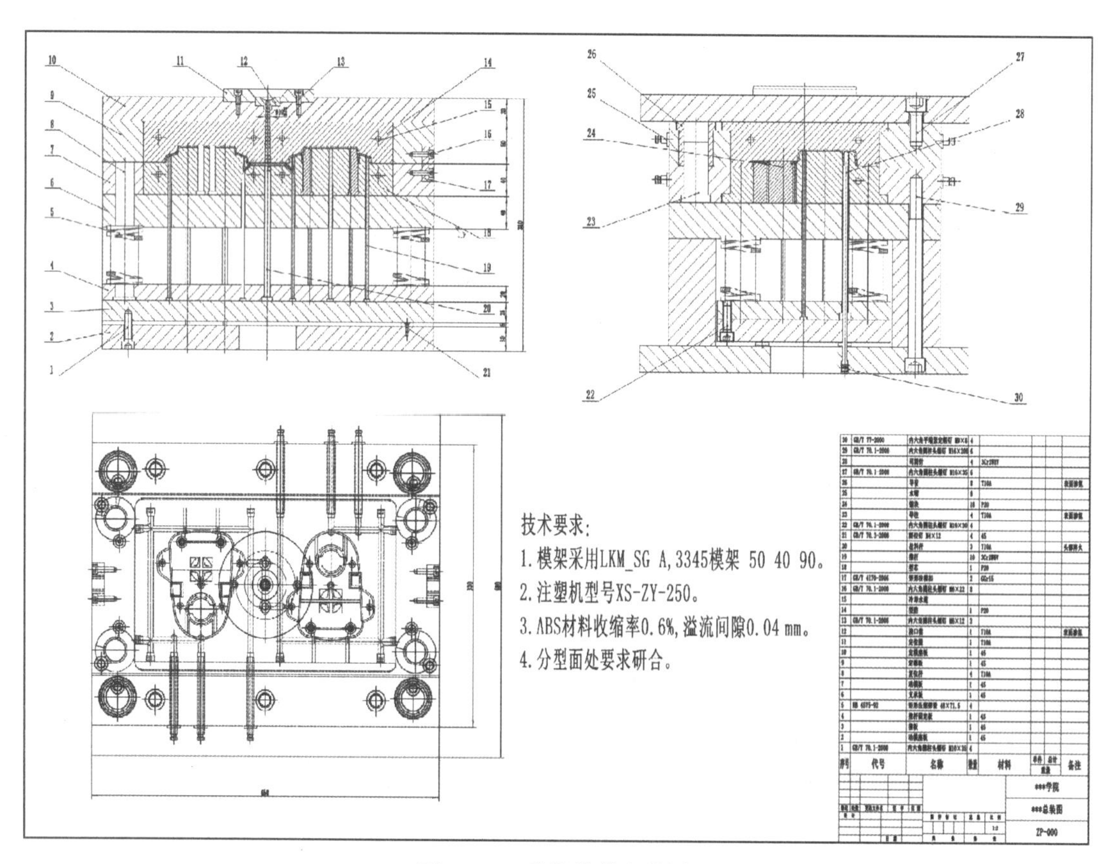

图 2-52　注塑模装配简图

复习思考题

1. 塑料模有哪些类型？简述各类型塑料模的典型结构。
2. 注塑模的结构组成有哪些？各部分零件分别起什么作用？
3. 简述注塑模各部分零件材料的选用。
4. 简述压缩模的结构组成及各部分零件材料的选用。
5. 简述压注模的结构组成及各部分零件材料的选用。
6. 查阅相关文献资料，简述目前使用的新型塑料成型模具材料。

第3章

冷冲压模具材料选用

学习目标　本章主要学习冷冲压模具常见类型及其结构，冷冲压模具结构组成及其材料的选用。能在教师引导下，团队合作完成实例模具材料的选用。

本章学习后，应达到以下目标：

1. 了解冷冲压模具各类型的结构；
2. 了解冷冲压模具结构组成，并掌握冷冲压模具各零件材料的选用；
3. 能合理选用新型冷冲压模具材料；
4. 能完成实例分析。

冷冲压在工业生产中应用十分广泛，其加工效率高，且操作方便，易于实现自动化。冲压时模具保证了冲压件的尺寸与形状精度，一般不破坏冲压件的表面质量。所以，冲压件质量稳定。可以加工出尺寸范围比较大、形状复杂的零件。但是，冲压一般使用的模具具有专用型特征，有时一个复杂的零件需要数套模具才能加工成型，且模具精度较高，技术要求高，同时冷冲压模具工作时摩擦磨损较严重，对模具材料的性能要求较高。选用钢材品种时，除了考虑经济因素外，要充分发挥材料的全部优越性，结合模具结构、机械加工性能和热处理工艺等综合考虑。模具中各零件作用不同，因而工作条件、失效形式不同，对材料性能要求也不同。因此，要根据模具中各零件的具体性能要求选材。

3.1　冷冲压模具概述

3.1.1　冷冲压模具分类

冷冲压模具种类很多，通常按其主要特征分类。根据国家标准(GB/T8845—2006)，冷冲压模具有以下类型。

(1) 冲裁模　分离出所需形状和尺寸制件的冷冲模。包括：

① 落料模：分离出带封闭轮廓制件的冲模。

② 冲孔模：沿封闭轮廓分离废料而形成带孔制件的冲模。

③ 修边模：切去制件边缘多余材料的冲模。

④ 切口模：沿不封闭轮廓冲切出制件边缘缺口的冲模。

⑤ 切舌模：沿不封闭轮廓将部分板料切开，并使其折弯的冲模。

⑥ 剖切模：沿不封闭轮廓冲切分离出两个或多个制件的冲模。

⑦ 整修模：沿制件被冲裁外缘或内孔修切去少量材料，以提高制件尺寸精度和降低冲裁截面粗糙度的冲模。

⑧ 精冲模：使板料处于正向受压状态下冲裁，可冲出冲裁截面光洁、尺寸精度高的制件的冲模。

⑨ 切断模：将板料沿不封闭轮廓分离的冲模。

(2) 弯曲模　将制件弯曲成一定角度和形状的冷冲模。包括：

① 预弯模：预先将坯料弯曲成一定形状的弯曲模。

② 卷边模：将制件边缘卷曲成接近封闭圆筒的冲模。

③ 扭曲模：将制件扭转成一定角度和形状的冲模。

(3) 拉延模　把制件拉成空心体，或进一步改变中心体形状和尺寸的冲模。包括：

① 反拉延模：把空心体制件内壁外翻的拉延模。

② 正拉延模：完成与前次拉延相同方向的再拉延工序的拉延模。

③ 变薄拉延模：把空心制件拉压成侧壁厚度更小的薄壁制件的拉延模。

(4) 成型模　使板料产生局部塑性变形，按凸、凹模形状直接复制成型的冲模。包括：

① 胀形模：使空心制件内部在双向拉应力作用下产生塑性变形，以获得凸肚形制件的成型模。

② 压筋模：在制件上压出凸包或筋的成型模。

③ 翻边模：使制件的边缘翻起呈竖立或一定角度直边的成型模。

④ 翻孔模：使制件的孔边缘翻起呈竖立或一定角度直边的成型模。

⑤ 缩口模：使空心或管状制件端部的径向尺寸缩小的成型模。

⑥ 扩口模：使空心或管状制件端部的径向尺寸扩大的成型模。

⑦ 整形模：校正制件呈准确形状与尺寸的成型模。

⑧ 压印模：在制件上压出各种花纹、文字和商标等印记的成型模。

(5) 复合模　压力机的一次行程中，同时完成两道或两道以上冲压工序的单工位冲模。包括：

① 倒装复合模：凹模和凸模装在上模，凸凹模装在下模的复合模。

② 正装复合模：凹模和凸模装在下模，凸凹模装在上模的复合模。

(6) 级进模　压力机的一次行程中，在送料方向连续排列的多个工位上同时完成多道冲压工序的冲模。

(7) 单工序模　压力机的一次行程中，只完成一道冲压工序的冲模。

(8) 无导向模　上、下模之间不设导向装置的冲模。

(9) 导板模　上、下模之间由导板导向的冲模。

(10) 导柱模　上、下模之间由导柱、导套导向的冲模。

(11) 通用模　通过调整，在一定范围内可完成不同制件的同类冲压工序的冲模。

(12) 自动模　送料、取出制件及排除废料完全自动化的冲模。

(13) 组合冲模　通过模具零件的拆装组合，以完成不同冲压工序或冲制不同制件的冲模。

(14) 传递模　多工序冲压中，借助机械手实现制件传递，以完成多工序冲压的成套冲模。

(15) 镶块模　工作主体或刃口由多个零件拼合而成的冲模。

(16) 柔性模　通过对各工位状态的控制，以生产多种规格制件的冲模。

(17) 多功能模　具有自动冲切、叠压、铆合、计数、分组、扭斜和安全保护等多种功能的冲模。

(18) 简易模　结构简单、制造周期短、成本低，适于小批量生产或试制生产的冲模。包括：

① 橡胶冲模：工作零件采用橡胶制成的简易模。

② 钢带模：采用淬硬的钢带制成刃口，嵌入用层压板、低熔点合金或塑料等制成的模体中的简易模。

③ 低熔点合金模：工作零件采用低熔点合金制成的简易模。

④ 锌基合金模：工作零件采用锌基合金制成的简易模。

⑤ 薄板模：凹模、固定板和卸料板都采用薄钢板制成简易模。

⑥ 夹板模：由一端连接的两块钢板制成简易模。

(19) 校平模　用于完成平面校正或校平的冲模。

(20) 齿形校平模　上模、下模为带齿平面的校平模。

(21) 硬质合金模　工作零件采用硬质合金制成的冲模。

3.1.2 冷冲压模具典型结构

1. 简单冲裁模

简单冲裁模即敞开摸，是指在一次冲裁中只完成冲孔或落料一道工序的冲裁模。按导向方式不同，简单冲裁模可分为无导向简单冲裁模、导板式简单冲裁模和导柱式简单冲裁模。

(1) 无导向简单冲裁模　如图 3-1 所示，顾名思义，模具上下部分的相对运动依靠压力机的导轨导向，结构简单、重量较轻、尺寸较小。适用于形状简单、精度要求不高、批量小或试制的冲裁件，也常用于冲裁拉深用的毛坯件。模具的上部分由模柄 4 和凸模 3 组成，通过模柄安装在压力机的滑块上；下部分由卸料板 5、导尺 2、凹模 1、下模座 6 和定位板 7 组成，通过下模座将下部分安装在压力机的工作台上。这类模具制造简单、成本低廉，但工作中不易保证间隙的均匀，使用时安装调整麻烦、工作部分容易磨损，寿命较低，冲压件的精度较低，操作也不安全。

(2) 导板式简单冲裁模　如图 3-2 所示，其上、下模完全依靠导板和凸模的间隙配合来导向。上部分主要由模柄 5、上模座 6、凸模垫板 7、凸模固定板 8 和凸模 9 组成，下部分主要由下模座 1、凹模 2、固定挡料销 3、导尺 10 和导板 4 组成。导板与凸模之间的配合为 H7/h6，同时兼作卸料板。导板模在工作时，凸模始终都不脱离导板，以保证导板导向的精度，进而保证导板模的精度和寿命。尤其是小凸模或多凸模离开导板再进人导板时，凸模的锐利刃边容易被碰损，同时也会破坏导板上的导向孔，影响到凸模的寿命，或使凸模与导板之间的导向变得不良。在凸模刃磨时，也不应使其脱离导板。

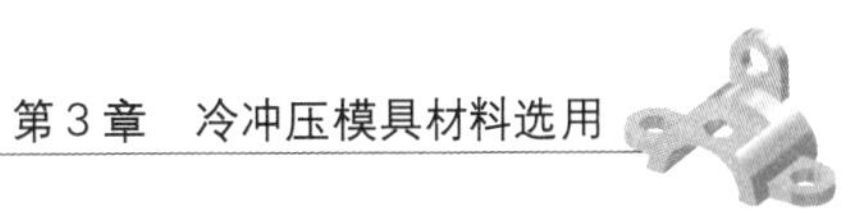

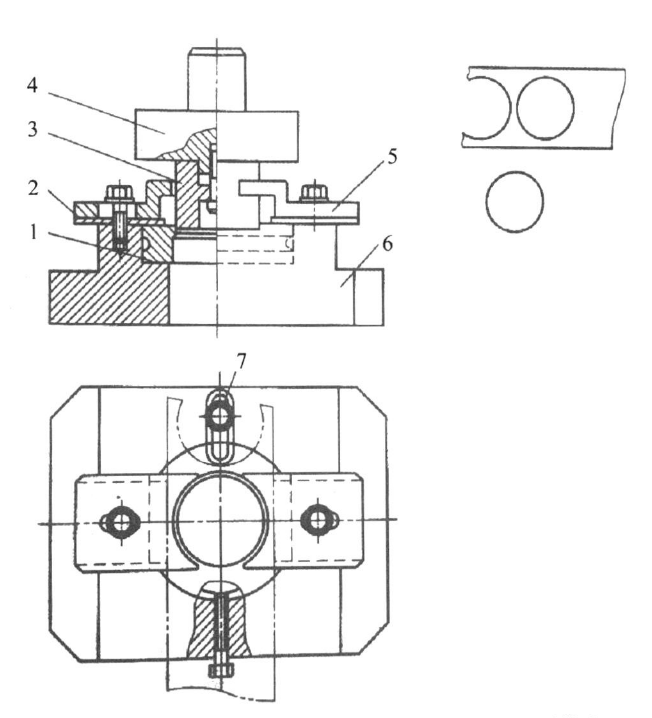

1—凹模；2—导尺；3—凸模；4—模柄；5—卸料板；6—下模座；7—定位板

图3-1　无导向简单冲裁模

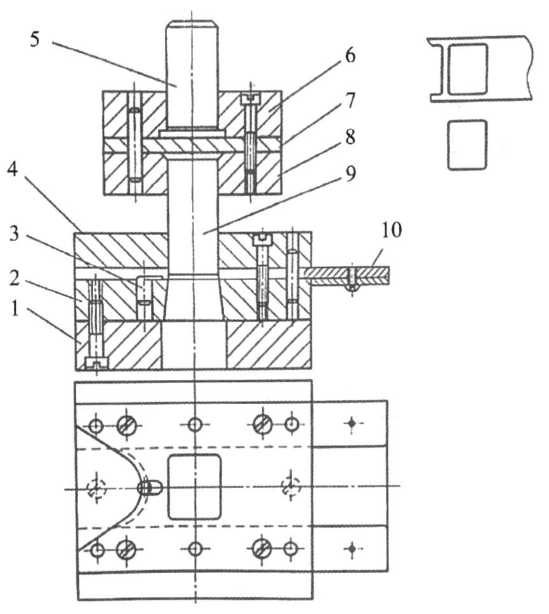

1—下模座；2—凹模；3—固定挡料销；4—导板；5—模柄；6—上模座；7—凸模垫板；8—凸模固定板；9—凸模；10—导尺

图3-2　导板式简单冲裁模

(3) 导柱式简单冲裁模　如图 3－3 所示，其上部分和下部分的正确对中通过导柱 3 和导套 4 来实现，在凸模、凹模与材料相接触进行冲裁前，导柱已进入导套，保证了在冲裁过程中凸模和凹模之间间隙的均匀性，并保持有足够的精度。导向精度较高，在生产中得到相当广泛的应用。

工作时，条料沿着导料板 7 送进，冲压完成后，由固定卸料板 2 将废料从凸模 6 上卸下，继续送进条料，再由固定挡料销 1 保证送进的步距。

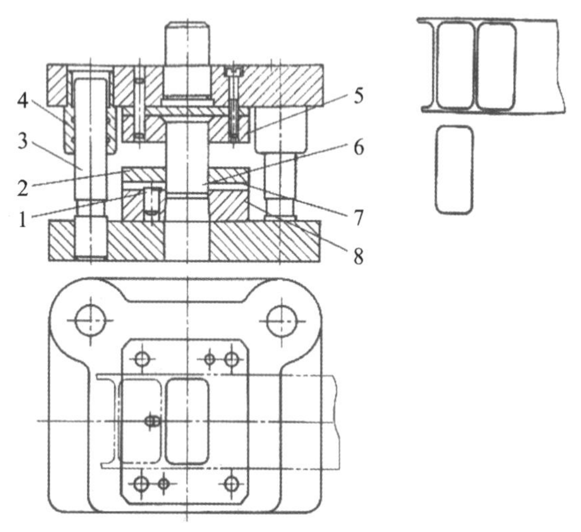

1—固定挡料销；2—固定卸料板；3—导柱；4—导套；5—凸模固定板；6—凸模；7—导料板；8—凹模

图 3－3　导柱式简单冲裁模

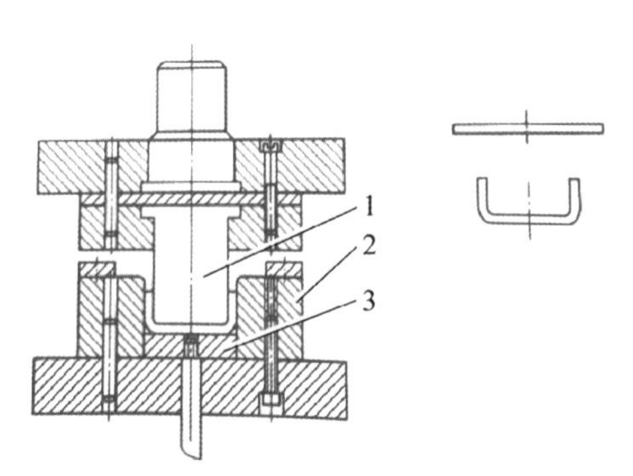

1—凸模；2—凹模；3—压料板

图 3－4　U 形件弯曲模

2. 弯曲模

图 3－4 所示为一般 U 形件弯曲模，在凸模的一次行程中能同时弯出两个角。冲压时，板料被压在凸模 1 和压料板 3 之间，随着凸模 1 逐渐下降。而未被压住的板料沿着凹模 2 的圆角滑动，并自由弯曲，进入凸模 1 与凹模 2 之间的间隙。当凸模 1 回升时，压料板 3 将制件顶出。由于材料的弹性，制件一般不会包在凸模上。

3. 复合冲裁模

复合冲裁模是指在机床滑块的一次行程中，在冲模的同一工位上同时完成内孔和外形两种工序或两种以上冲压工序的冲裁模。按凸凹模在模具上的位置不同，可分为正装式复合模和倒装式复合模。

(1) 正装式复合模　如图 3－5 所示，凸凹模 4 装在模具的上模部分，冲孔凸模 1、冲孔凸模 2 和凹模 5 位于下模。制件由弹顶器，从装在下模部分的凹模 5 内顶出，至模具的工作面上；废料则在压力机回程时，从凸凹模 4 内通过推杆 3 自上而下击落至模具的工作面上。但是，制件和废料都需要及时清除。这种模具结构紧凑，也较简单，凹模用螺钉和销钉与下模座紧固、定位；冲孔凸模由凸模固定板紧固，定位在下模板上，可以确保冲压件外形轮廓与孔的相对位置精度。在冲压过程中，板料被凸凹模和装在下模的弹性顶件器压紧，冲出的制件较平整，尺寸精度较高，适用于平整度较高的薄板零件的冲制。

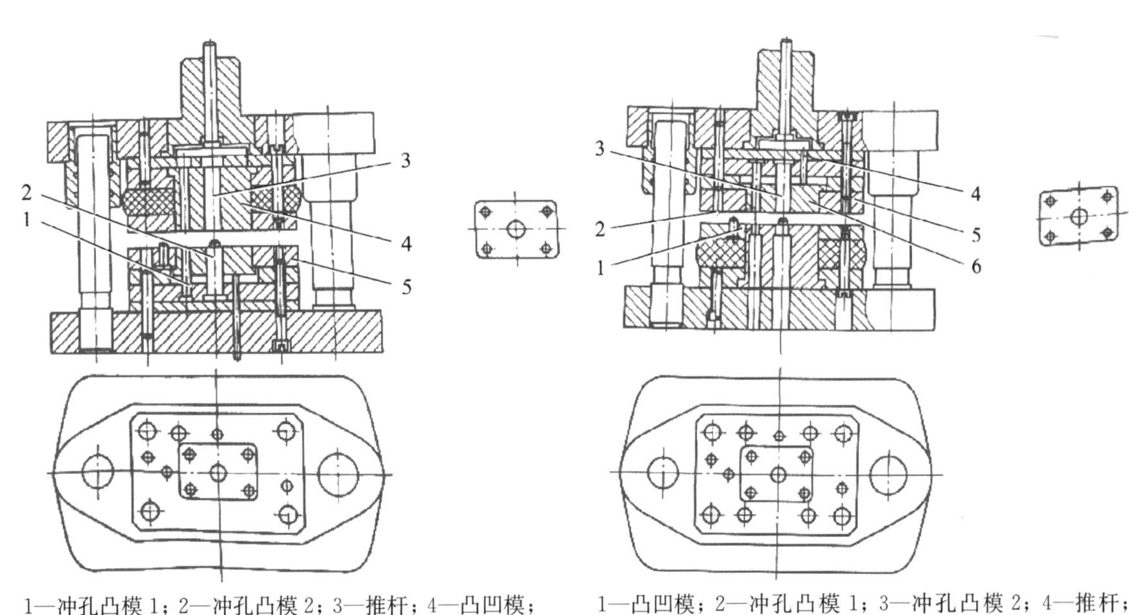

1—冲孔凸模1；2—冲孔凸模2；3—推杆；4—凸凹模；5—凹模

图3-5　正装式复合模

1—凸凹模；2—冲孔凸模1；3—冲孔凸模2；4—推杆；5—凹模；6—推件块

图3-6　倒装式复合模

(2) 倒装式复合模　如图3-6所示，凸凹模1装在模具的下模部分，通过凸凹模固定板固定在下模座上。凸凹模对冲裁外形轮廓来说，起冲裁凸模的作用；对内部的孔来说，起冲孔凹模的作用。板料的卸料通过弹性卸料装置(橡胶)向上推出，废料从凸凹模1上的漏料孔内排出；冲压件在压力机回程时，由顶杆(或顶板)通过刚性推件装置从上模内推出，下落到模具的工作面上。在冲裁过程中冲压件并没有压紧，所以得到的冲压件平整度较差。相对于正装式复合模，倒装式复合模制造简单、操作方便、生产效率高，也比较安全，但要注意防止冲孔废料积存胀裂模具。

(3) 正装式拉延复合模　如图3-7所示，凸凹模1装在上模，下模部分有落料凹模3和拉

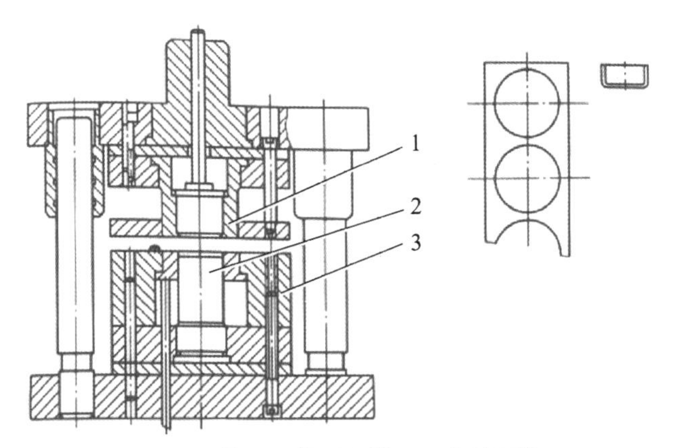

1—凸凹模；2—拉延凸模；3—落料凹模

图3-7　正装式拉延复合模

延凸模 2。凸凹模 1 起落料凸模和拉延凹模复合作用，拉延凸模 2 低于落料凹模 3，可以保证冲压时能先落料、再拉延。弹性压边装置安装在下模座上，由弹顶装置或压缩空气来施加压边力。

4. 连续冲裁模

连续冲裁模是指按一定的先后顺序，在压力机滑块的一次行程中，在模具的不同位置上，完成两个或两个以上工序的冲裁模，又称为级进模或跳步模。连续冲裁的关键在于正确定位，按定位原理，可分为导正销定位原理和侧刃定距原理。

（1）有固定挡料销及导正销的连续冲裁模　如图 3－8 所示，模具零件主要包括冲孔凸模 4、落料凸模 3、凹模 6、固定挡料销 1、导正销 2 和临时挡料销 7 等。模具上、下两部分靠凸模和导板 5 之间的间隙配合来导向。模具开始工作时，手动按入临时挡料销 7，限定板料的初始位置。首先在条料上由冲孔凸模 4 冲孔，临时挡料销 7 在弹簧的作用下自动复位，再将板料送进一个步距，用固定挡料销 1 初步定位。在落料时，用装于落料凸模 3 端面上的导正销 2，将板料精确定位，然后由落料凸模 3 在条料上已冲得孔的位置处落料。此后，压力机的每一次行程先后都有冲孔和落料两个工序同时进行。

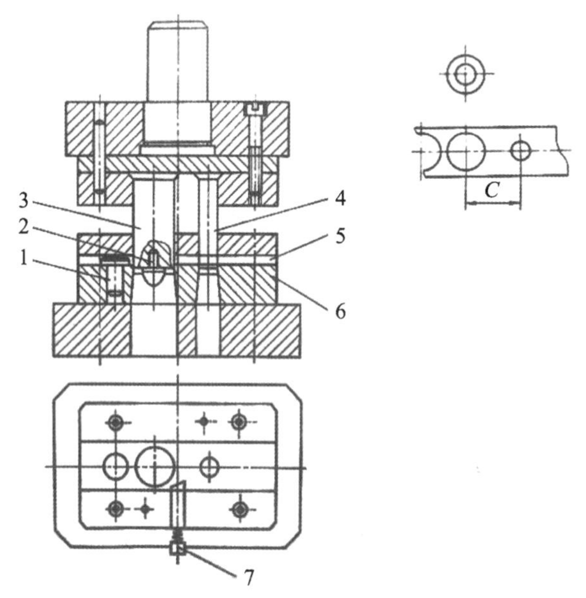

1—固定挡料销；2—导正销；3—落料凸模；4—冲孔凸模；
5—导板；6—凹模；7—临时挡料销

图 3－8　有固定挡料销及导正销的连续冲裁模

（2）有自动挡料的连续冲裁模　如图 3－9 所示，自动挡料装置由挡料杆 1、冲搭边凸模 3 和凹模 6 组成。板料送入后，由于冲孔凸模 4 和落料凸模 5 的作用，使板料先后经过冲孔和落料，冲制出所需制件。由于板料在每一次送进的步距为 C，在冲制出制件后，废料上仍保留有材料的搭边 a。由于工作时挡料杆 1 始终不离开凹模 6 的刃口平面，板料从右方送进时即被挡料杆 1 挡住搭边。在冲裁的同时，冲搭边凸模 3 将废料上的搭边冲出一个缺口，使板料又可以继续送进一个步距 C，从而起到自动挡料的作用。模具开始的两次行程分别由临时挡料销定位，从第三次行程开始时，用自动挡料装置定位。

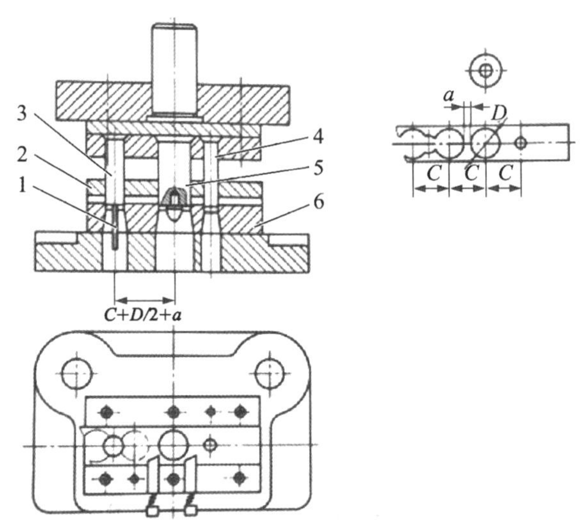

1—挡料杆；2—导板；3—冲搭边凸模；4—冲孔凸模；5—落料凸模；6—凹模

图3-9　有自动挡料的连续冲裁模

(3) 有侧刃的连续冲裁模　侧刃定距的原理是在板料两侧切去少量材料，以达到挡料和定位的目的。图3-10所示为有侧刃的连续冲裁模，在模具的上部分，除了装有一般的冲孔凸模3和落料凸模4以外，还在板料两侧的相应位置上装有控制板料送进距离的侧刃，即侧刃凸模2。冲裁过程中，在板料的两侧切出缺口后(切去长度等于步距)，被侧刃切过的部分板料能

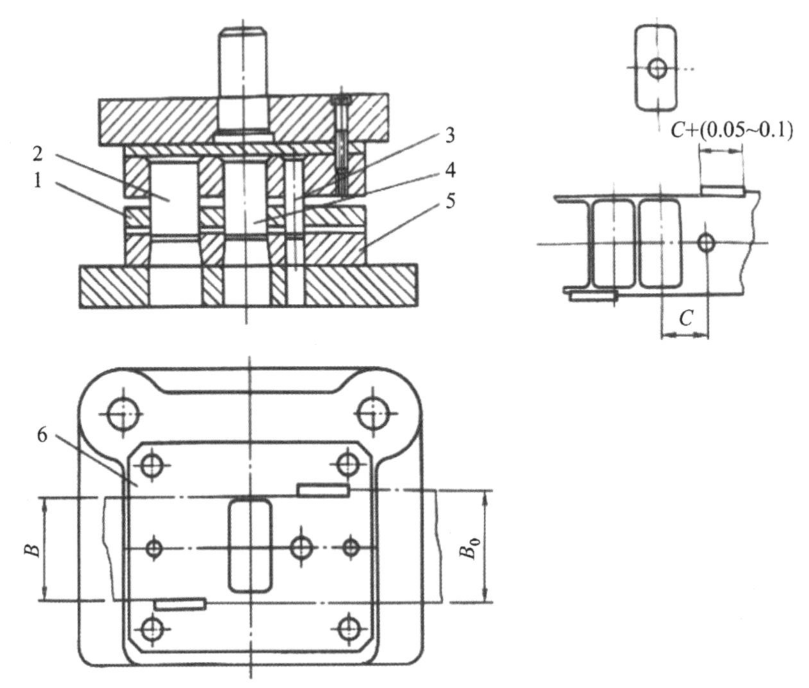

1—导板；2—侧刃凸模；3—冲孔凸模；4—落料凸模；5—凹模；6—导料板

图3-10　有侧刃的连续冲裁模

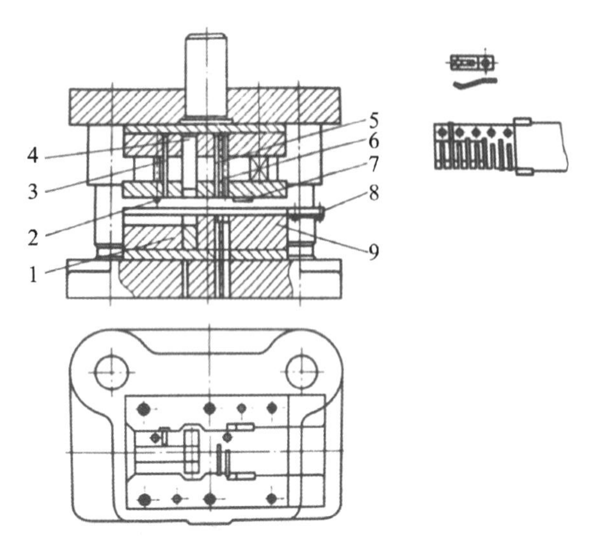

1—弯曲凹模镶块；2—导正钉；3—切断凸模；4—弯曲凸模；5—冲槽凸模；6—冲孔凸模；7—侧刃；8—导料板；9—凹模

图 3-11　冲孔、落料、弯曲连续模

通过导料板 6 间距较窄处，而未切过的板料则不能进入，在缺口端面被挡块阻止。此时板料向前送进一个步距，完成挡料和定位作用。

(4) 冲孔、落料、弯曲连续模　如图 3-11所示，第一工步为侧刃 7 在板料上切出用于挡料和定位的切口，第二工步为冲孔和冲槽，第三工步安排一个空位，第四工步为压弯，最后一个为切断工步，完成整个冲压工作。

5. 管材冲孔模

(1) 管材冲单侧孔模　如图 3-12 所示，凹模为套入管材 3 内径的芯棒。通常，直径比管材的内径小 0.2～0.3 mm。芯棒固紧在芯棒固定座 1 上，其受力情况类似于悬臂梁，受力情况较差，模具的寿命非常低。由于受到管材内径尺寸的限制，以及考虑到需设置排除废料的漏料孔，芯棒的强度一般都非常差。

(2) 管材冲双侧孔模　图 3-13 所示为管材两侧同时冲孔的管材冲双侧孔模。凸模 3 安装在下模的滑块 7 上，当压力机滑块下降时，由于传动零件斜楔 8 的作用，使滑块 7 作水平方向的运动，并同时冲制出两侧的孔。回程时，依靠弹簧 4 的作用，将凸模 3 和滑块 7 回复到原来的位置。由于芯棒的直径要小于管材的内径，当两侧同时受力冲孔时，会使管材在冲孔前先产生变形，其受力状态变得非常差。

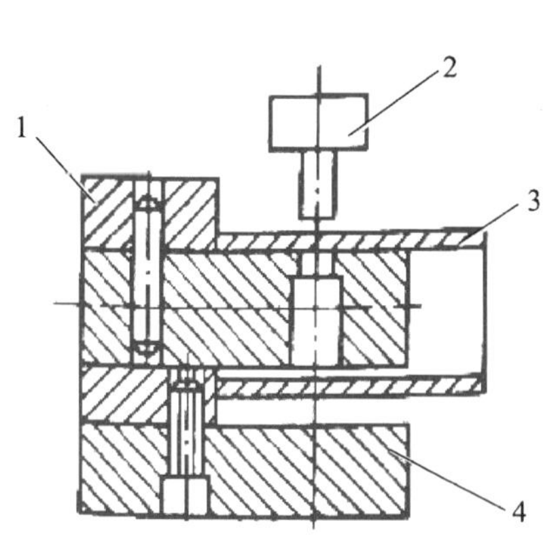

1—芯棒固定座；2—凸模；3—管材；4—底座

图 3-12　管材冲单侧孔模

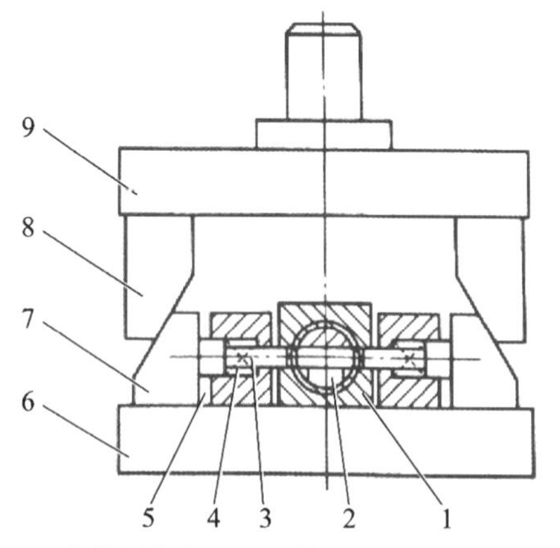

1—芯棒固定座；2—芯棒；3—凸模；4—弹簧；5—凸模座；6—下模座；7—滑块；8—斜楔；9—上模座

图 3-13　管材冲双侧孔模

6. 锌基合金冲裁模

图 3-14 所示为锌基合金冲裁模，其凹模(或凸模)是利用锌基合金制作成的。因凹模 3 加工比凸模困难，所以凹模 3 采用锌基合金来制造，凸模 2 可用钢模制成，其淬火硬度与一般冲模相同。锌基合金模具的主要特点是模具结构简单、制造周期短、维修方便，失效后的模具可以重熔再制，成本较低，一般只有钢模成本的 1/5～1/10。模具的制造常常利用已淬硬(硬度大于 40 HRC)，并加工好的凸模来浇注锌基合金。由于锌基合金有一定的强度，可用于小批量复杂形状零件的冲裁。

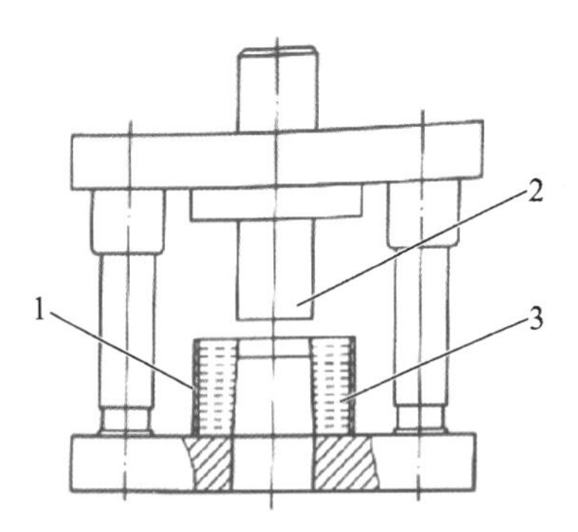

1—围框；2—凸模；3—锌基合金凹模

图 3-14 锌基合金冲裁模

3.2 冷冲压模具材料选用

3.2.1 冷冲压模具的结构组成

冷冲压模具类型很多，一副冷冲压模具的具体结构与制件的形状、尺寸、精度、工艺要求、生产批量不同，以及企业的经济性要求等因素有关。

手工送料、功能齐全的冷冲压模具，按各部分所起的作用分为工艺零件、结构零件和传动零件 3 部分。

1. 工艺零件

这类零件直接参与工艺过程的完成并和坯料有直接接触，包括工作零件、定位零件、卸料与压料零件等。

(1) 工作零件　直接完成制件要求的使材料分离或产生一定变形的零件，包括凸模、凹模、凸凹模等。

(2) 定位零件　用来确保加工中材料和毛坯正确位置的零件，包括挡料销、定距侧刃、定位板等。

(3) 卸料与压料零件　用来夹持毛坯或在冲压完成后推件和卸料的零件，有时也能限位、校正和提高制件精度，包括卸料板、压边圈、顶件器、废料切刀，以及与模具安装在一起的送料、送件装置等。

2. 结构零件

这类零件不直接参与完成工艺过程，也不和坯料有直接接触，只对模具完成工艺过程起保证作用，或对模具功能起完善作用，包括支持与夹持零件、导向零件、紧固零件、标准件及其他零件等。

(1) 支持与夹持零件　用来安装工艺零件以及传递工作压力，同时将模具安装固定在压力机上的零件，包括上、下模座，模柄，凸、凹模固定板等。

(2) 导向零件　保证模具正确的开模、合模运动，防止损坏凸模、凹模的零件，包括导柱、导套等。

(3) 紧固及其他零件　连接紧固工艺零件和支持夹持零件，以及将模具固定到压力机工作台面上的零件，包括螺钉、销钉等。

3. 传动零件

这类零件使模具工作部分产生某种特定的运动方向或使板料进给送料，使压力机的垂直上下运动变成工作过程中所需要的运动，包括斜楔、凸轮、导向块等。

冷冲压模具组成的零件，具体见表 3-1。

表 3-1　冷冲压模具组成零件

零件大类	零件类型	零 件 名 称
工艺零件	工作零件	凸模、凹模、凸凹模、凸凹模镶件
	定位零件	挡料销、导正销、定位销(定位板)、导料销、导料板(导向槽)、侧刃、侧压板
	卸料与压料零件	卸料板、压边圈(压料板)、顶杆(顶销)、顶件器、推杆(推板)、推件器、废料切刀
结构零件	支持与夹持零件	上模座、下模座、模柄、凸模固定板、凹模固定板、垫板、行程限制器
	导向零件	导柱、导套、导板、导筒
	紧固及其他零件	螺钉、销钉、弹簧、橡胶、压板
传动零件		斜楔(侧楔)、凸轮、导向块(滑块)、铰链接头

根据国家标准(GB/T8845—2006)规定，冷冲模结构还分上模部分、下模部分和标准模架。

(1) 上模　安装在压力机滑块上的模具部分。

(2) 下模　安装在压力机工作台面上的模具部分。

(3) 模架　上、下模座与导向零件的组合体。包括：

① 通用模架。应用量大、面广，已形成标准化的模架。

② 快换模架。通过快速更换凸、凹模和定位零件，以完成不同冲压工序和冲制多种制件，并对需求作出快速响应的模架。

③ 后侧导柱模架。导向零件安装在上、下模座后侧的模架。

④ 对角导柱模架。导向零件安装在上、下模座对角点上的模架。

⑤ 中间导柱模架。导向零件安装在上、下模座左右对称点上的模架。

⑥ 精冲模架。精冲刚性好、导向精度高的模架。

⑦ 滚动导柱模架。上、下模座采用滚动导柱零件导向的模架。

⑧ 弹压导板模架。上、下模座采用带有弹压装置导板导向的模架。

3.2.2　工作零件材料的选用

工作零件直接完成使材料分离或产生一定变形的制件成型要求，包括凸模、凹模、凸凹模等。其材料选用如图 3-15～图 3-20 所示。

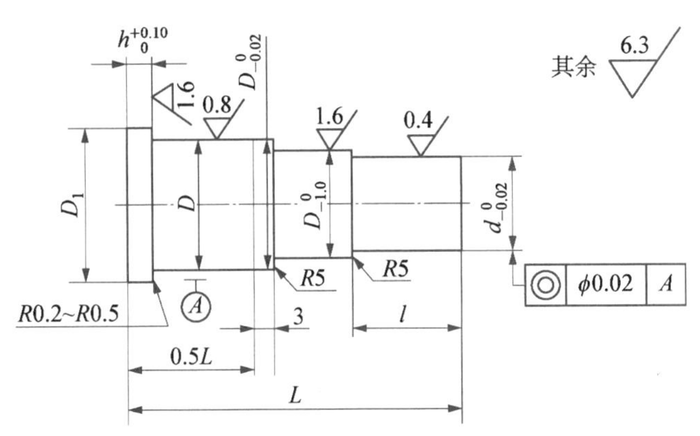

注：① 材料：T10A、9Mn2V、Cr12MoV、Cr12、Cr6WV。
② 热处理：9Mn2V、Cr12MoV、Cr12 硬度 58～62 HRC，尾部回火 40～50 HRC；T10A、Cr6WV 硬度 56～60 HRC，尾部回火 40～50 HRC。

图3-15　A型圆形凸模的材料选用(摘自 JB/T8057.1—1995)

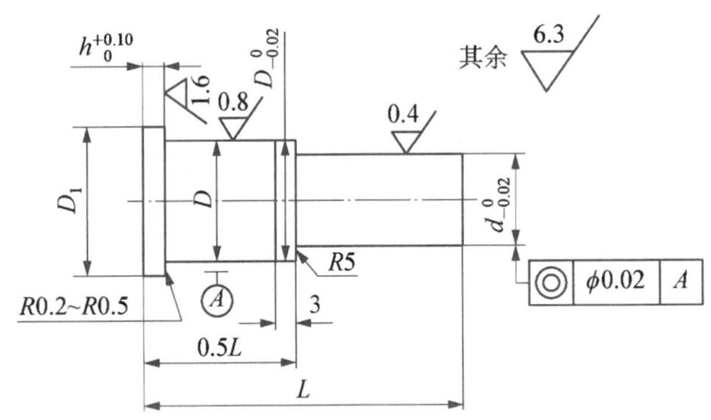

注：① 材料：T10A、9Mn2V、Cr12MoV、Cr12、Cr6WV。
② 热处理：9Mn2V、Cr12MoV、Cr12 硬度 58～62 HRC，尾部回火 40～50 HRC；T10A、Cr6WV 硬度 56～60 HRC，尾部回火 40～50 HRC。

图3-16　B型圆形凸模的材料选用(摘自 JB/T8057.2—1995)

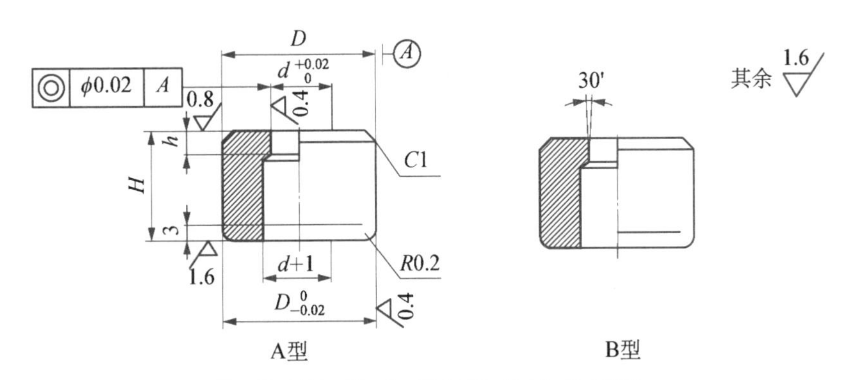

注：① 材料：T10A、9Mn2V、Cr12、Cr6WV。
② 热处理：淬火硬度 58～62 HRC。

图3-17　A、B型圆形凹模的材料选用(摘自 JB/T8057.4—1995)

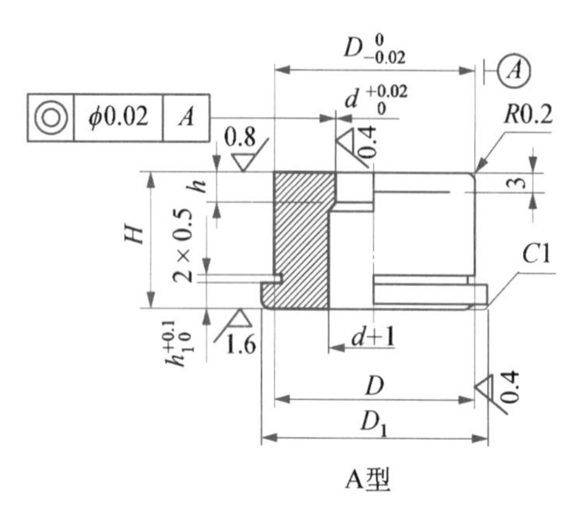

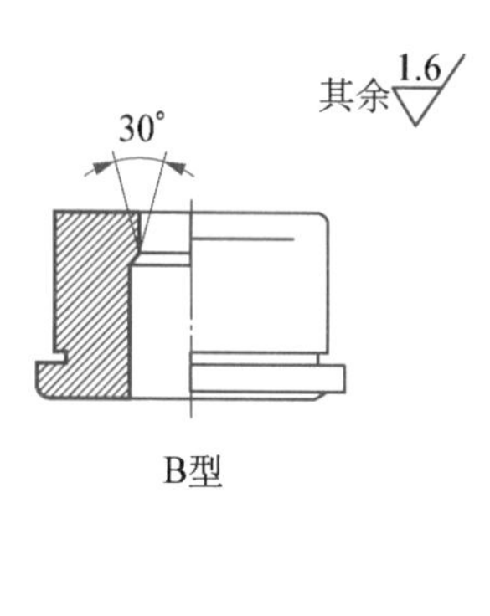

注：① 材料：T10A、9Mn2V、Cr12、Cr6WV。
② 热处理：淬火硬度 58～62 HRC。

图 3-18　A、B 型带肩圆形凹模的材料选用(摘自 JB/T8057.5—1995)

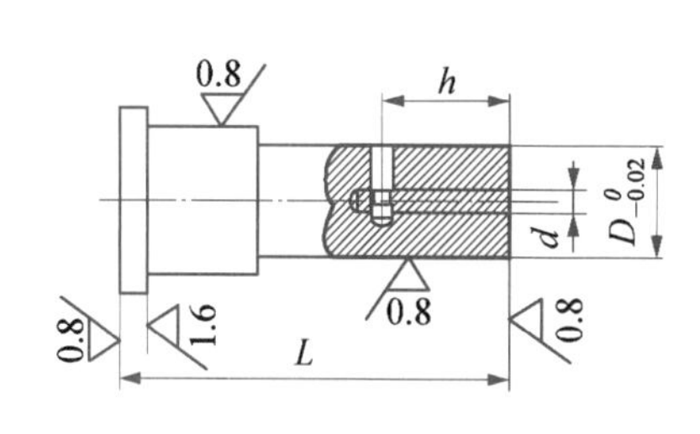

通气孔尺寸

凸模直径 d(mm)	通气孔直径 D(mm)
<25	3.0
25～50	3.0～5.0
50～100	5.5～6.5
100～200	7.0～8.0
>200	>8.5

注：① 材料：Cr12MoV。
② 热处理：淬火硬度 58～62 HRC。

图 3-19　拉延凸模的材料选用

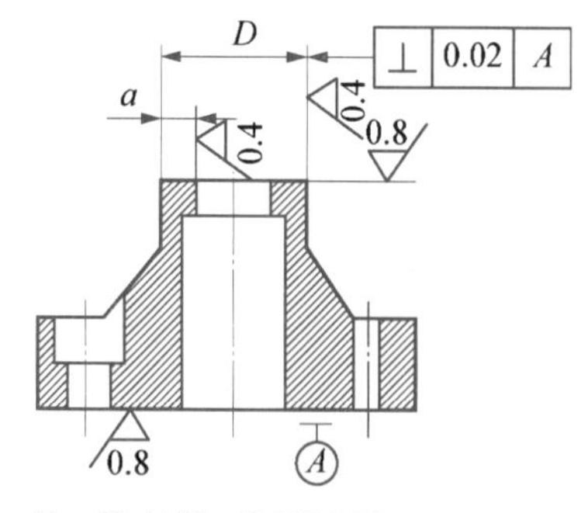

注：① 材料：Cr12MoV。
② 热处理：淬火硬度 58～62 HRC。

图 3-20　凸凹模的材料选用

3.2.3　定位零件材料的选用

冷冲压模具中定位零件用来保证在冲压过程中，材料和毛坯正确送进和正确地将工件安放在模具上，以完成下一步冲压工序。

板料在冷冲压模具送料平面中送进时，必须在两个方向有限位：一是与送料方向垂直的方向，保证条料沿正确的方向送进，称为送进导向；二是送料方向，控制条料一次送进的距离，称为送料定距。块料或工序间的定位，基本上也是两个方向上的限位，只是定位零件的结构形式与条料不同。其中，导料销、导料板、侧压板等属于送进导向的定位零件，导正销、挡料销、定距侧刃等属于送料定距的定位零件，定位销、定位板等用于块料或工序间的定位。导正销可用来确定相对位置，定料销或定位板用于单个毛坯的定位。

1. 挡料销

挡料销分固定挡料销和活动挡料销两大类。其中，活动挡料销又分弹簧弹顶挡料销和扭簧弹顶挡料销，材料选用见表 3－2～表 3－9。

表 3－2　始用挡料销的结构尺寸和材料选用(摘自 JB/T7649.1—2008)

始用挡料销　弹簧芯柱　弹簧　H_1(H8/f9)　H　2~4　0.5~1　B(H8/f9)　L

15(淬硬)　8　其余 6.3　1.6　H_1　H　d　6　12　6　8　L

材料：45钢
热处理：43~48 HRC

<table>
<tr><th colspan="2">B(f9)</th><th colspan="2">H(C12)</th><th colspan="2">H1(f9)</th><th colspan="2">d(H7)</th><th rowspan="2">L</th></tr>
<tr><th>基本尺寸</th><th>极限偏差</th><th>基本尺寸</th><th>极限偏差</th><th>基本尺寸</th><th>极限偏差</th><th>基本尺寸</th><th>极限偏差</th></tr>
<tr><td rowspan="2">6</td><td rowspan="2">−0.010
−0.040</td><td>4</td><td rowspan="2">−0.070
−0.190</td><td>2</td><td rowspan="2">−0.006
−0.031</td><td>3</td><td>+0.010</td><td>35～45</td></tr>
<tr><td>6</td><td>3</td><td rowspan="3">4</td><td rowspan="5">+0.0120</td><td>35～70</td></tr>
<tr><td>8</td><td rowspan="2">−0.013
−0.049</td><td>8</td><td rowspan="2">−0.080
−0.300</td><td>4</td><td rowspan="3">−0.010
−0.040</td><td>45～70</td></tr>
<tr><td>10</td><td>10</td><td>5</td><td>50～80</td></tr>
<tr><td>12</td><td rowspan="2">−0.016
−0.059</td><td>12</td><td rowspan="2">−0.095
−0.365</td><td>6</td><td rowspan="2">6</td><td>50～90</td></tr>
<tr><td>15</td><td>15</td><td>7</td><td>−0.013
−0.049</td><td>75～90</td></tr>
</table>

表 3-3　弹簧的结构尺寸和材料选用(摘自 JB/T7649.2—2008)

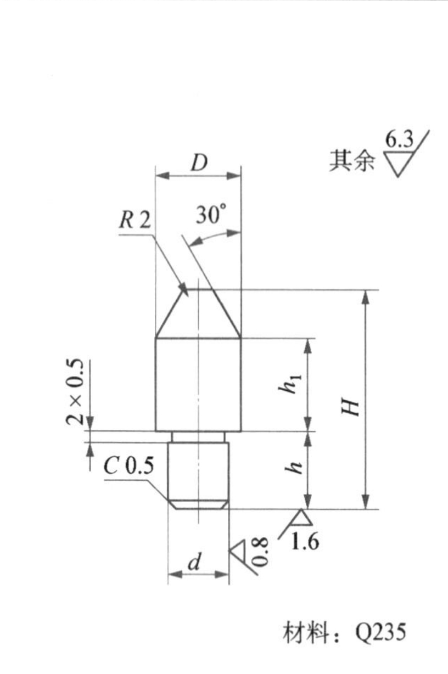

D	d(r6)		H	h	h_1
	基本尺寸	极限偏差			
4	3	+0.016 +0.010	16	6	6
8	4	+0.023 +0.015			
8	6		18		8
10			20	8	
12	8	+0.028 +0.019	25	10	10
14					
16	10		30	12	12
20					
24	12	+0.034 +0.023	40	15	15
28					
34	14		45	18	18
42					

表 3-4　弹簧弹顶挡料结构(摘自 JB/T7649.5—2008)

基本尺寸		挡料销	弹簧	基本尺寸		挡料销	弹簧
d	L	JB/T7649.6—1994	GB/T2089—1994	d	L	JB/T7649.6—1994	GB/T2089—1994
4	18	4×18	0.5×6×20	10	30	10×30	1.6×12×30
	20	4×20			32	10×32	
6	20	6×20	0.8×8×20	12	34	12×34	1.6×15×40
	22	6×22			36	12×36	
	24	6×24	0.8×8×30		40	12×40	
	28	6×26		16	36	16×36	2×20×40
8	24	8×24	1.0×10×30		40	16×40	
	26	8×26			50	16×50	
	28	8×28		20	50	20×50	2×20×50
	30	8×30			55	20×55	
10	26	10×26	1.6×12×30		60	20×60	
	28	10×28					

表 3－5　弹簧弹顶挡料销的结构尺寸和材料选用（摘自 JB/T7649.5—2008）

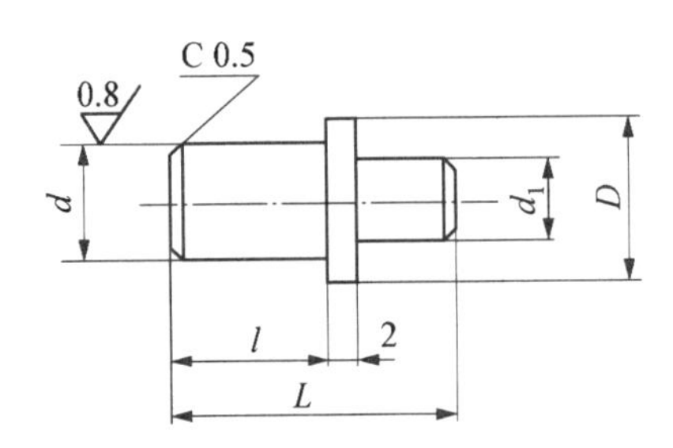

材料：45钢
热处理：43～48 HRC

d(d9) 基本尺寸	d(d9) 极限偏差	D	d_1	l	L
4	−0.030 −0.060	6	3.5	10	18
				12	20
6		6	3.5	10	20
				12	22
				14	24
				16	26
8	−0.040 −0.076	10	7	12	24
				14	26
				16	28
				18	30
10		12	8	14	26
				16	28

d(d9) 基本尺寸	d(d9) 极限偏差	D	d_1	l	L
12	−0.040 −0.076	10	8	18	30
				20	32
12	−0.050 −0.093	14	10	22	34
				24	36
				28	40
16		16	14	24	36
				24	40
				35	50
20	−0.065 −0.117	23	15	35	50
				40	55
				45	60

表 3－6　扭簧弹顶挡料结构（摘自 JB/T7649.6—2008）

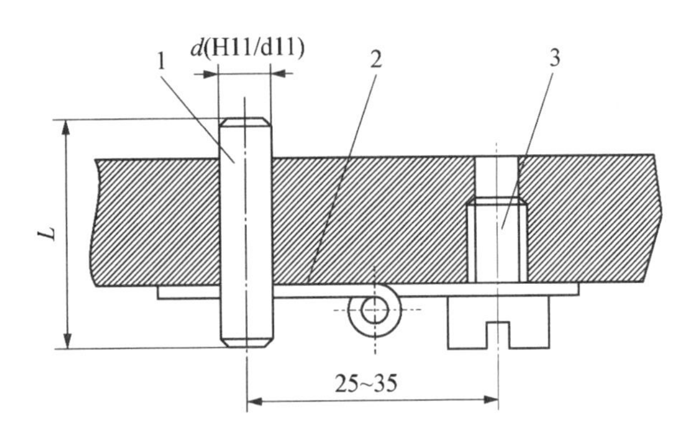

续 表

d	L	1. 挡料销 JB/T7649.6—1994	2. 扭簧 JB/T7649.6—1994	3. 螺钉 GB/T67—2000
4	18	4×18	6×30	M4×6
6		6×18	6×35	M6×8
	20	6×20		
	22	6×22		
8		8×22	8×35	
	24	8×24		
	28	8×28		
10		10×28	8×40	
	30	10×30		

表 3-7 扭簧弹顶挡料销的结构尺寸和材料选用(摘自 JB/T7649.6—2008)

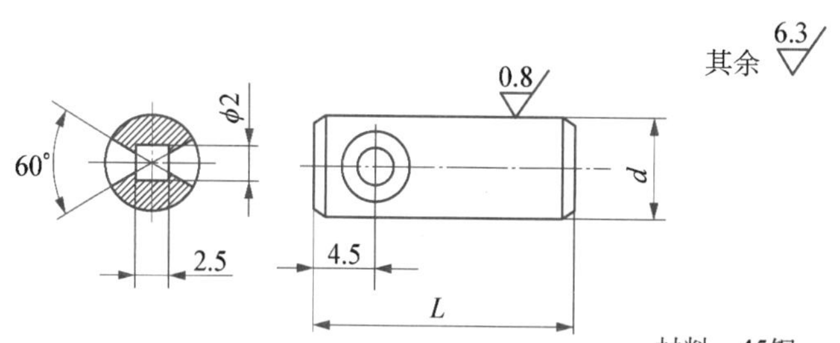

材料：45钢
热处理：43～48 HRC

d(d11) 基本尺寸	d(d11) 极限偏差	L
4	−0.030 −0.105	18
6		
		20
		22
8	−0.040 −0.130	
		24
		28
10		
		30

表 3－8　扭簧的结构尺寸和材料选用(摘自 JB/T7649. 6—2008)

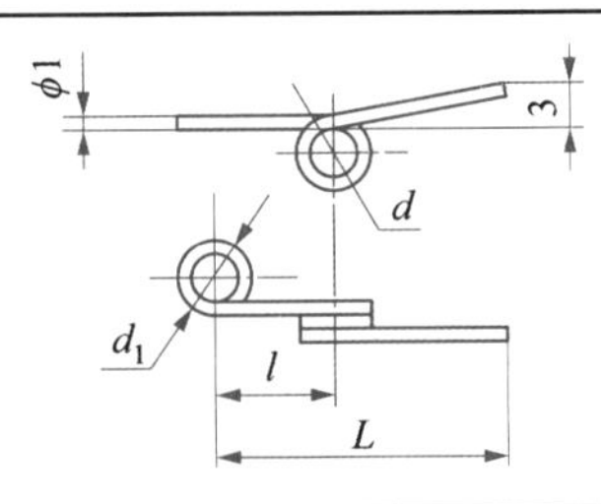

材料：65 Mn弹簧钢丝
热处理：44～50 HRC

d	d_1	L	l
6	4.5	30	10
	6.5	35	
8			15
		40	20

表 3－9　固定挡料销的结构尺寸和材料选用(摘自 JB/T7649. 10—2008)

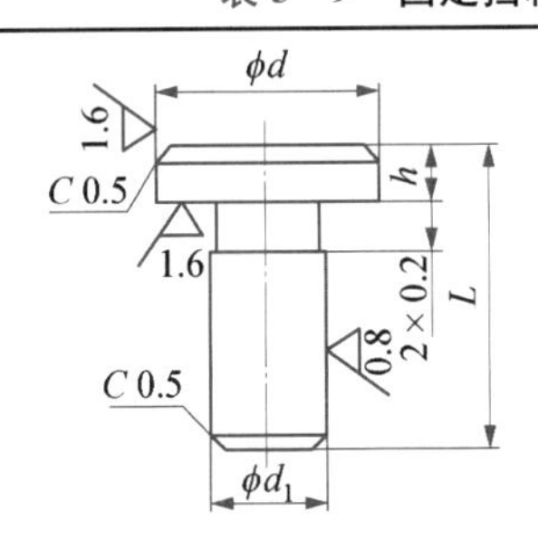

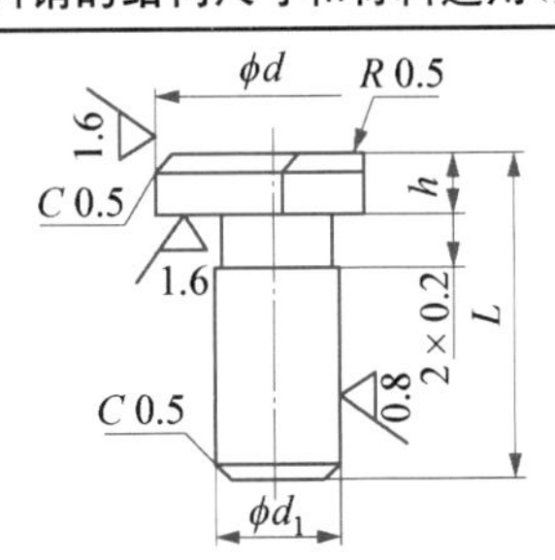

表面粗糙度以μm为单位
未注表面粗糙度Ra 6.3 μm

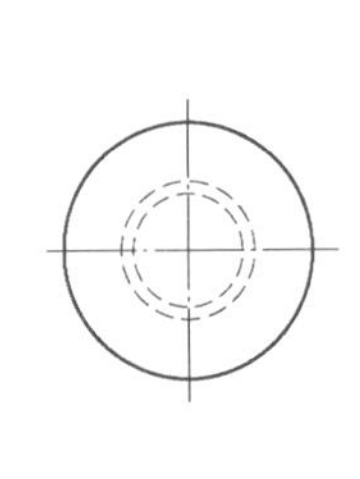

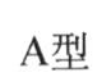

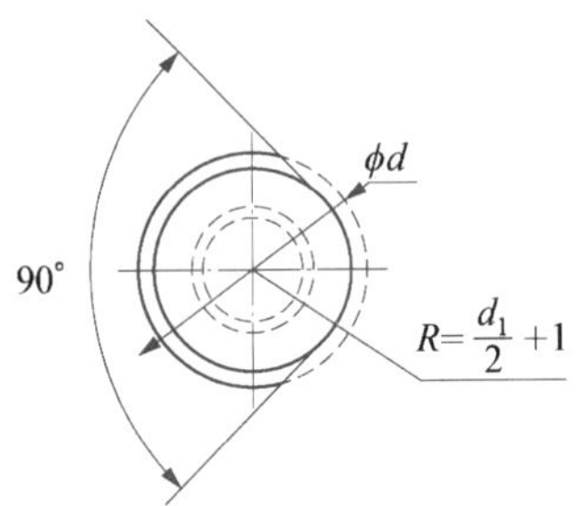

B型

材料由制造者选定，推荐采用45钢
硬度43～48 HRC

固定挡料销尺寸

d h11	d_1 m6	h	L
6	3	3	8
8	4	2	10
10		3	13
16	8	3	13
20	10	4	16
25	12		20

2. 导正销

导正销分 A、B、C、D 型和长螺母，材料选用见表 3－10～表 3－14。

表 3－10　A 型导正销的结构尺寸和材料选用(摘自 JB/T7647.1—2008)

材料：T8A
热处理：50～54 HRC

d(h6)		D(h6)		D_1	L	l	C
基本尺寸	极限偏差	基本尺寸	极限偏差				
≤3	0 −0.006	5	0 −0.008	8	24	14	2
>3～6	0 −0.008	7	0 −0.009	10	28	18	
>6～8	0 −0.009	9		12	32	20	3
>8～10		11	0 −0.011	14	34	32	
>10～12	0 −0.011	13		16	36	24	

表 3－11　B 型导正销的结构尺寸和材料选用(摘自 JB/T7647.2—2008)

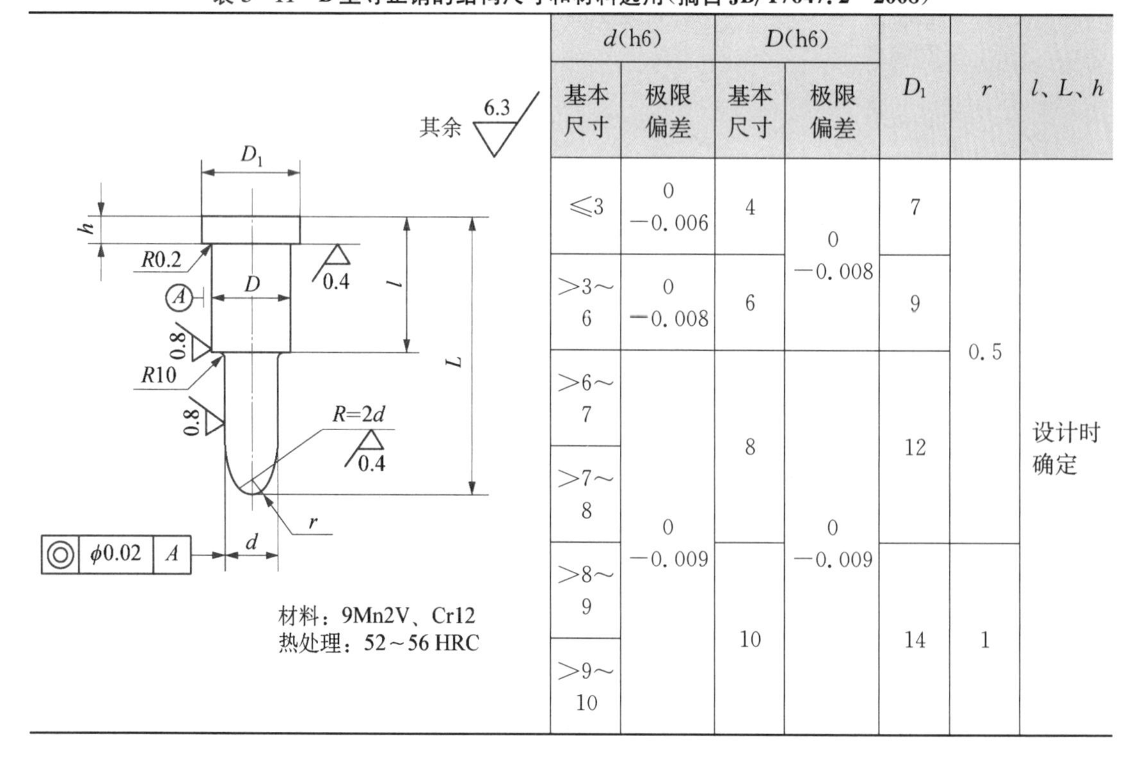

材料：9Mn2V、Cr12
热处理：52～56 HRC

d(h6)		D(h6)		D_1	r	l、L、h
基本尺寸	极限偏差	基本尺寸	极限偏差			
≤3	0 −0.006	4	0 −0.008	7	0.5	设计时确定
>3～6	0 −0.008	6		9		
>6～7	0 −0.009	8	0 −0.009	12		
>7～8						
>8～9		10		14	1	
>9～10						

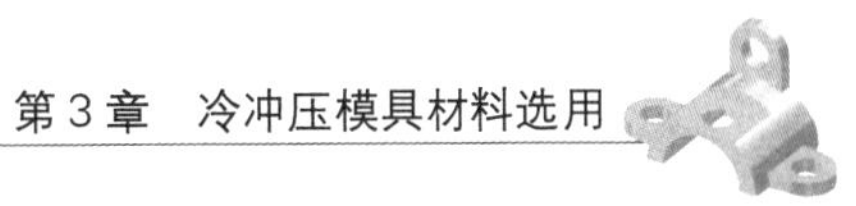

表 3-12 C型导正销的结构尺寸和材料选用(摘自 JB/T7647.3—2008)

其余 6.3

材料：9Mn2V、Cr12
热处理：52～56 HRC

d(h9) 基本尺寸	d(h9) 极限偏差	D(k6) 基本尺寸	D(k6) 极限偏差	d_1	h	r	L、h_1
4～6	0 −0.030	4	+0.009 +0.001	M4	4	1	设计时确定
>6～8	0 −0.036	5		M5	5		
>8～10		6		M6		2	
>10～12	0 −0.043				6		

表 3-13 D型导正销的结构尺寸和材料选用(摘自 JB/T7647.4—2008)

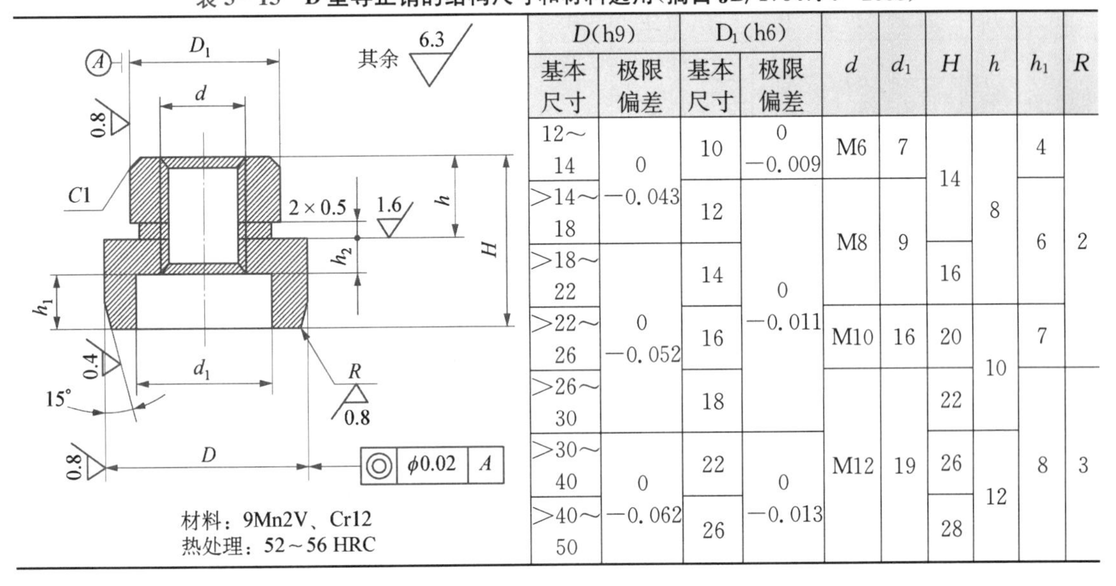

材料：9Mn2V、Cr12
热处理：52～56 HRC

D(h9) 基本尺寸	D(h9) 极限偏差	D_1(h6) 基本尺寸	D_1(h6) 极限偏差	d	d_1	H	h	h_1	R
12～14	0 −0.043	10	0 −0.009	M6	7	14	8	4	2
>14～18		12	0 −0.011	M8	9			6	
>18～22	0 −0.052	14				16			
>22～26		16		M10	16	20	10	7	
>26～30		18		M12	19	22		8	3
>30～40	0 −0.062	22	0 −0.013			26	12		
>40～50		26				28			

表 3-14 长螺母的结构尺寸和材料选用

其余 6.3

材料：45钢
热处理：43～48 HRC

d_1	d	D	n	l	H
M4	4.5	8	1.2	2.5	16
M5	5.5	9			18
M6	6.5	11	1.5	3	20

3. 定位销和定位板

定位销和定位板对外缘轮廓或内孔定位,保证制件内孔和外缘的位置精度要求和前后工序相对位置的精度。定位销和定位板材料一般推荐选用 45 钢,热处理 43～48 HRC。

4. 导料销和导料板

导料销或导料板用来使板料沿着它的一侧导向送进,以防送偏。导料销推荐选用 45 钢,热处理调质 28～32 HRC。标准导料板的结构尺寸和材料选用,见表 3-15。

表 3-15 标准导料板的结构尺寸和材料选用(摘自 JB/T7648.6—1994)

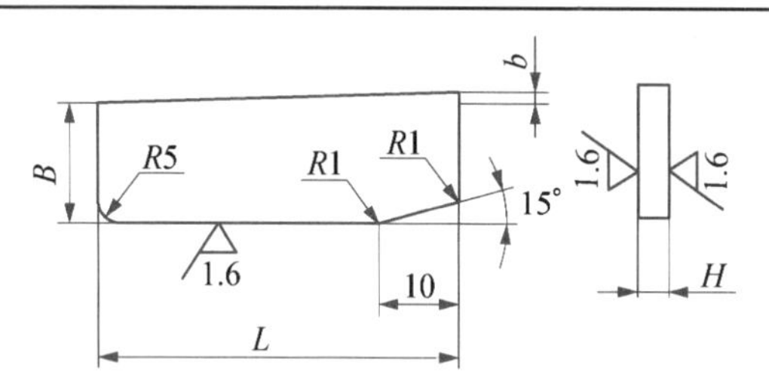

材料:Q235、45钢
热处理:调质28～32 HRC(45钢)

L	B	H	L	B	H	L	B	H	L	B	H	L	B	H
50	15	4	83	35	6	120	40	10	140	20	4	145	40	6
		6			8		45	8			6			8
	20	4	100	20	4			10		25	6			10
		6			6			12			8		45	8
63	15	4		25	6		50	8		30	6			10
		6			8			10			8			12
	20	4		30	6			12		35	6		50	8
		6			8	125	20	4			8			10
70	15	4		35	6			6		40	6			12
		6			8		25	6			8	160	20	4
	20	4		40	6			8			10			6
		6			8		30	6		45	8		25	6
80	20	4			10			8			10			8
		6		45	8		35	6			12		30	6
	25	6			10			8		50	8			8
		8			12		40	6			10		35	6
	30	6	120	20	4			8			12			8
		8			6			10	145	20	4		40	6
	35	6		25	6		45	8			6			8
		8			8			10		25	6			10
83	20	4		30	6			12			8		45	8
		6			8		50	8		30	6			10
	25	6		35	6			10			8			12
		8			8			12		35	6		50	8
	30	6		40	6						8			10
		8			8									12

5. 定距侧刃

定距侧刃用于级进模中，确保板料的精确送料位置和送进距离，以提高制件精度。其原理是将板料的一侧或两侧切出用来限定板料的进给步距，工作原理示意图如图 3－21 所示。根据国家标准，定距侧刃的结构尺寸和材料选用如图 3－22 所示。

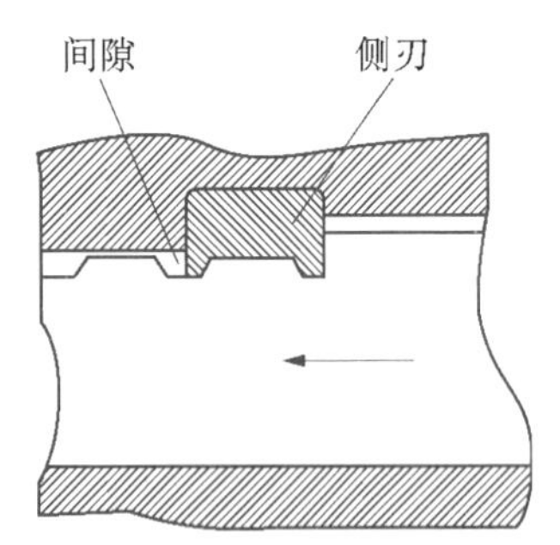

图 3－21　定距侧刃工作原理示意

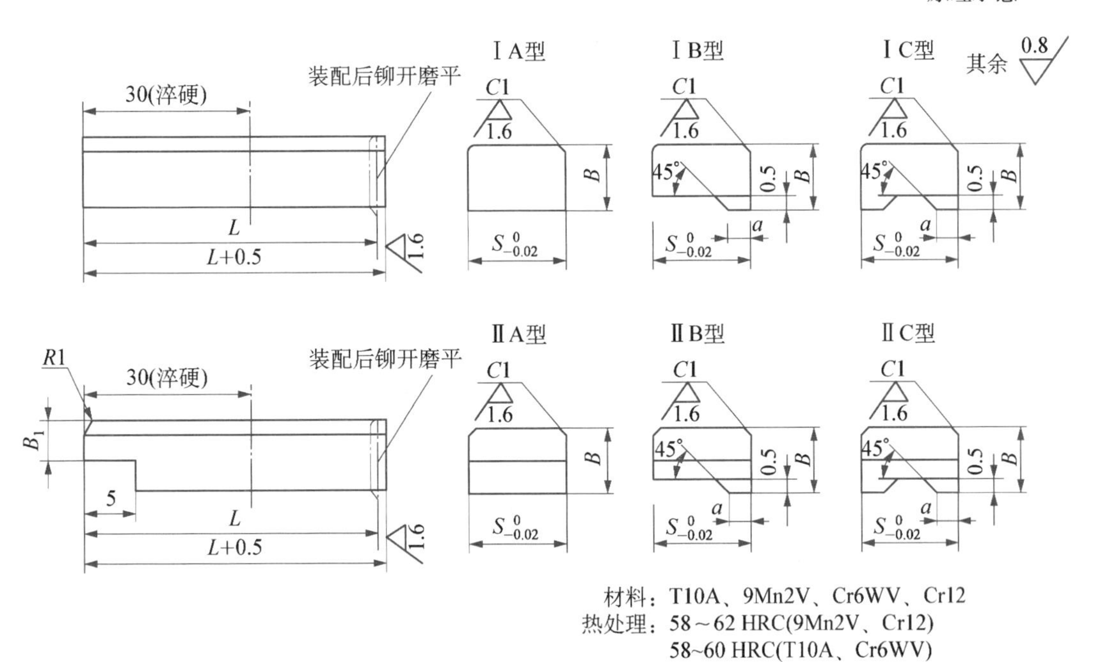

图 3－22　定距侧刃的结构尺寸和材料选用(摘自 JB/T7648.1—1994)

6. 侧压装置

侧压装置用来保证零件紧靠导料板一侧正确送进，材料选用如图 3－23 所示，推荐选用 45 钢，热处理 43～48 HRC。若采用侧压簧片，其结构尺寸和材料选用如图 3－24 所示，推荐选用 65 Mn 弹簧钢带，热处理 42～46 HRC。

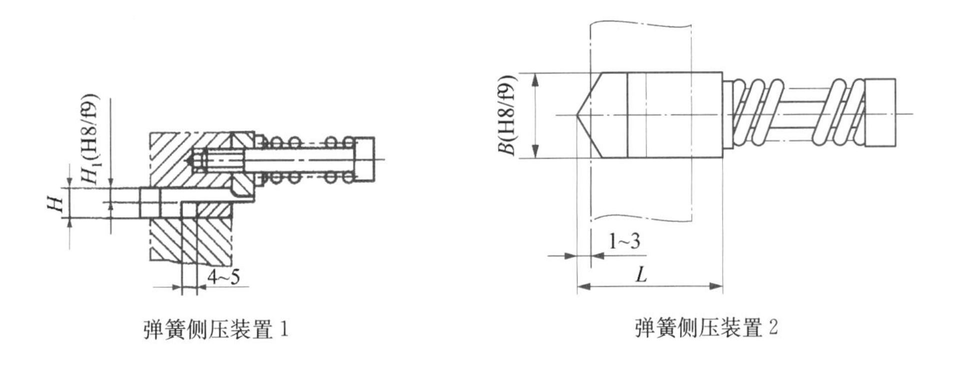

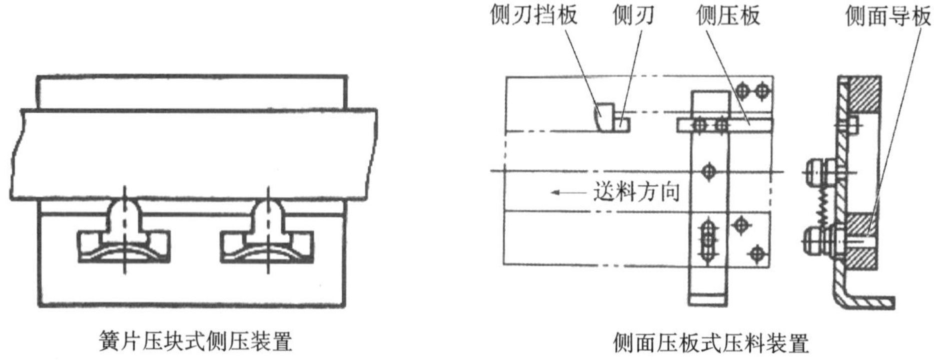

图 3-23　侧压装置的结构尺寸和材料选用(摘自 JB/T7649.3—1994)

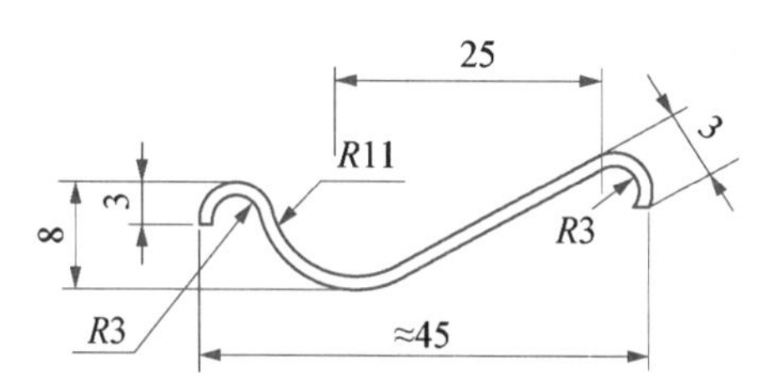

图 3-24　侧压簧片的结构尺寸和材料选用

3.2.4　卸料和压料零件材料的选用

冷冲模中,常用的卸料螺钉有圆柱头卸料螺钉和内六角卸料螺钉两种结构形式。其中,圆柱头卸料螺钉的结构尺寸和材料选用见表 3-16,内六角卸料螺钉的材料选用与圆柱头卸料螺钉相同。

表 3-16　圆柱头卸料螺钉的结构尺寸和材料选用(摘自 JB/T7650.5—1994)

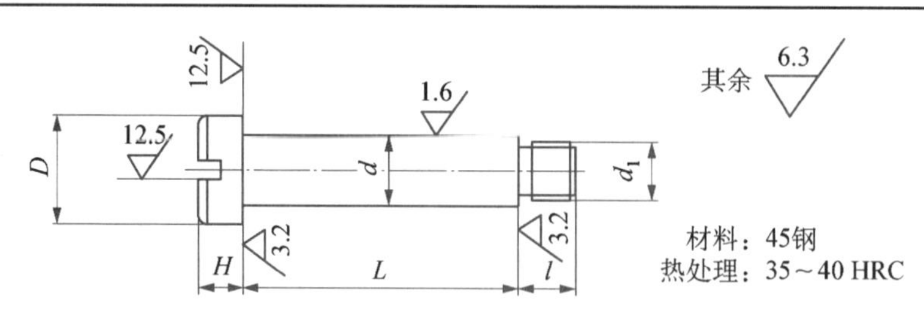

d	L(h8)		d_1	l	D	H
	基本尺寸	极限偏差				
4	20、22、25、28、30	0 −0.033	M3	5	7	3
	32、35	0 −0.039				

续　表

d	L(h8)		d_1	l	D	H
	基本尺寸	极限偏差				
5	20、22、25、28、30	0 −0.033	M4	5.5	8.5	3.5
	32、35、38、40	0 −0.039				
6	25、28、30	0 −0.033	M5	6	10	4
	32、35、38、40、42、45、48、50	0 −0.039				
8	25、28、30	0 −0.033	M6	7	12.5	5
	32、35、38、40、42、45、48、50	0 −0.039				
10	30	0 −0.033	M8	8	15	6
	32、35、38、40、42、45、48、50	0 −0.039				
	55、60、65、70、75、80	0 −0.046				
12	35、40、45、50	0 −0.033	M10	10	18	7
	55、60、65、70、75、80	0 −0.046				
16	40、45、50	0 −0.033	M12	14	24	9
	55、60、65、70、75、80	0 −0.046				
	90、100	0 −0.054				

把塞在凹模洞口内的制件或废料从凹模中卸下的零件，有推杆、推件器、顶杆、顶板、顶件器等，材料选用见表 3－17～表 3－20。

表 3－17　**带肩推杆的结构尺寸和材料选用（摘自 JB/T7650.1—1994）**

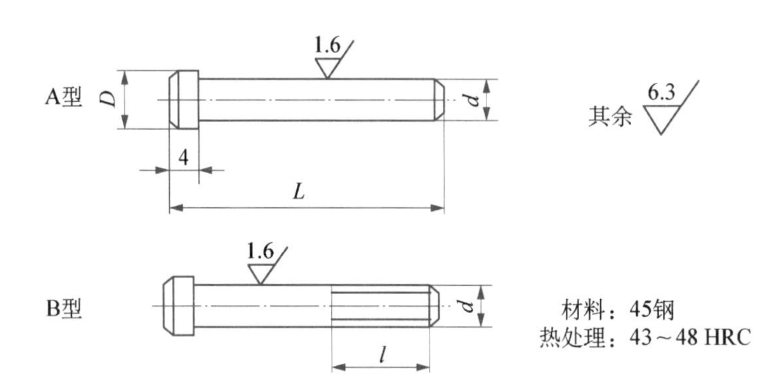

d		L	D	l
A 型	B 型			
6	M6	40、45、50、55、60、70	8	—
		80、90、100、110、120、130		20
8	M8	50、55、60、65、70、80	10	—
		90、100、110、120、130、140、150		25
10	M10	60、65、70、75、80、90	13	—
		100、110、120、130、140、150、160、170		30
12	M12	70、75、80、85、90、100	15	—
		110、120、130、140、150、160、170、180、190		35
16	M16	80、90、100、110	20	—
		120、130、140、150、160、180、200、220		40
20	M20	90、100、110、120	24	—
		130、140、150、160、180、200、220、240、260		45
25	M25	100、110、120、130	30	—
		140、150、160、180、200、220、240、260、280		50

表 3-18　带螺纹推杆的结构尺寸和材料选用(摘自 JB/T7650.2—1994)

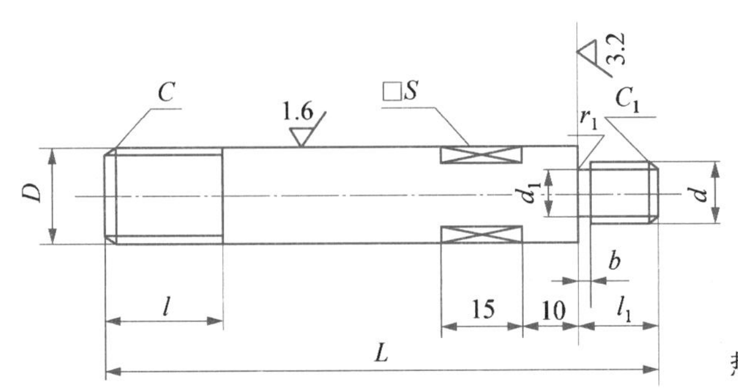

材料：45钢
热处理：43～48 HRC

<table>
<tr><th>D</th><th>d</th><th>L</th><th>l</th><th>l1</th><th>d1</th><th>b</th><th>S</th><th>C</th><th>C1</th><th>r1≤</th></tr>
<tr><td>M8</td><td>M6</td><td>110、120、130、140、150</td><td>30</td><td>8</td><td>4.5</td><td rowspan="2">2</td><td>6</td><td>1.2</td><td>1</td><td rowspan="2">0.5</td></tr>
<tr><td>M10</td><td>M8</td><td>130、140、150、160、180</td><td>40</td><td>10</td><td>6.2</td><td>8</td><td>1.5</td><td>1.2</td></tr>
<tr><td>M12</td><td>M10</td><td>130、140、150、160、180</td><td>50</td><td>12</td><td>7.8</td><td rowspan="3">2.5</td><td>10</td><td rowspan="3">2</td><td rowspan="3">1.5</td><td rowspan="2">1</td></tr>
<tr><td>M14</td><td>M12</td><td>140、150、160、180、200、220</td><td>60</td><td>14</td><td>9.5</td><td>12</td></tr>
<tr><td>M16</td><td>M14</td><td>160、180、200、220</td><td>70</td><td>16</td><td>11.5</td><td>14</td><td rowspan="2">1.2</td></tr>
<tr><td>M20</td><td>M16</td><td>180、200、220、240、260</td><td>80</td><td>18</td><td>13</td><td>3</td><td>16</td><td>2.5</td><td>2</td></tr>
</table>

表 3-19　顶杆的结构尺寸和材料选用(摘自 JB/T7650.3—1994)

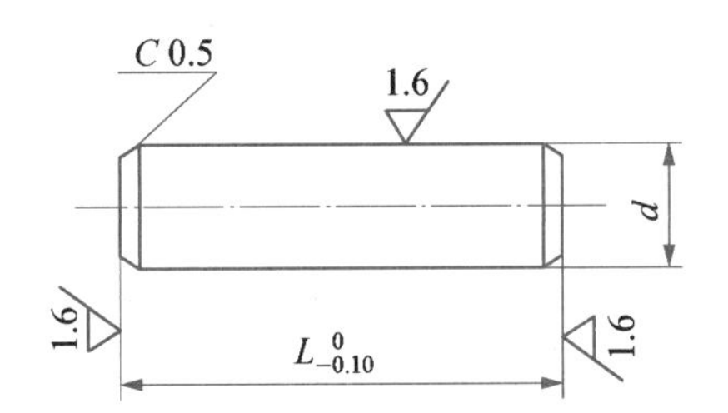

材料：45钢
热处理：43～48 HRC

<table>
<tr><th colspan="2">d(b11)</th><th rowspan="2">L</th></tr>
<tr><th>基本尺寸</th><th>极限偏差</th></tr>
<tr><td>4</td><td rowspan="2">−0.070
−0.145</td><td>15、20、25、30</td></tr>
<tr><td>6</td><td>20、25、30、35、40、45</td></tr>
<tr><td>8</td><td rowspan="2">−0.080
−0.170</td><td>25、30、35、40、45、50、55、60</td></tr>
<tr><td>10</td><td>30、35、40、45、50、55、60、65、70、75</td></tr>
<tr><td>12</td><td rowspan="2">−0.150
−0.260</td><td>35、40、45、50、55、60、65、70、75、80、85、90、95、100</td></tr>
<tr><td>16</td><td>50、55、60、65、70、75、80、85、90、95、100、105、110、115、120、125、130</td></tr>
<tr><td>20</td><td>−0.160
−0.290</td><td>60、70、80、90、100、110、120、130、140、150、160</td></tr>
</table>

注：d≤10 mm 偏差为 c11；d>10 mm 偏差为 b11。

表 3-20　顶板的结构尺寸和材料选用(摘自 JB/T7650.4—1994)

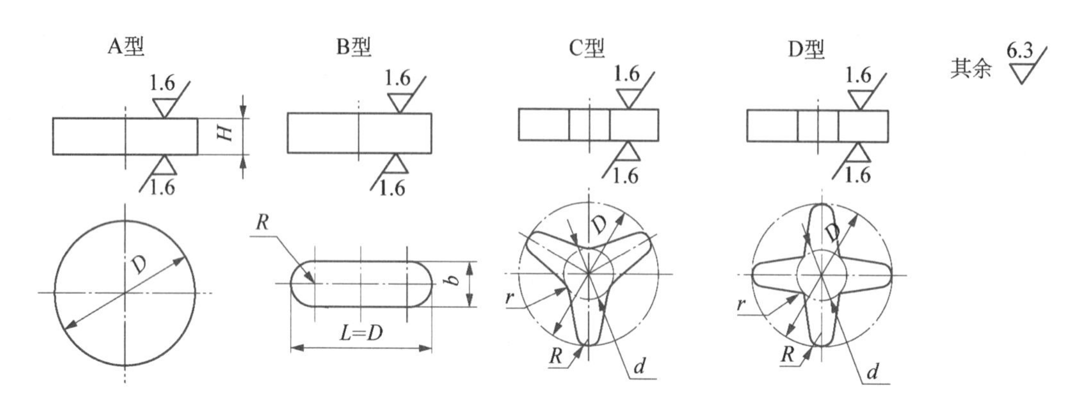

<table>
<tr><th>D</th><th>d</th><th>R</th><th>r</th><th>H</th><th>b</th></tr>
<tr><td>20</td><td>—</td><td>—</td><td>—</td><td rowspan="2">4</td><td rowspan="4">8</td></tr>
<tr><td>25</td><td>15</td><td rowspan="3">4</td><td rowspan="3">3</td></tr>
<tr><td>30</td><td>16</td><td rowspan="2">5</td></tr>
<tr><td>35</td><td>18</td></tr>
<tr><td>40</td><td>20</td><td rowspan="2">5</td><td rowspan="2">4</td><td rowspan="2">6</td><td rowspan="2">10</td></tr>
<tr><td>50</td><td rowspan="2">25</td></tr>
<tr><td>60</td><td rowspan="3">6</td><td rowspan="3">5</td><td rowspan="2">7</td><td rowspan="3">12</td></tr>
<tr><td>70</td><td rowspan="2">30</td></tr>
<tr><td>80</td><td rowspan="2">9</td></tr>
<tr><td>95</td><td>32</td><td rowspan="2">8</td><td rowspan="2">6</td><td rowspan="2">16</td></tr>
<tr><td>110</td><td>35</td><td rowspan="2">12</td></tr>
<tr><td>120</td><td>42</td><td rowspan="2">9</td><td rowspan="2">7</td><td rowspan="2">18</td></tr>
<tr><td>140</td><td>45</td><td rowspan="2">14</td></tr>
<tr><td>160</td><td rowspan="2">55</td><td rowspan="2">11</td><td rowspan="2">8</td><td rowspan="2">22</td></tr>
<tr><td>180</td><td rowspan="2">18</td></tr>
<tr><td>210</td><td>70</td><td>12</td><td>9</td><td>24</td></tr>
</table>

成型件切边或冲裁大型制件或厚度较大制件时，需采用废料切刀将废料切断。废料切刀的结构尺寸和材料选用见表 3-21。

表 3－21　废料切刀的结构尺寸和材料选用

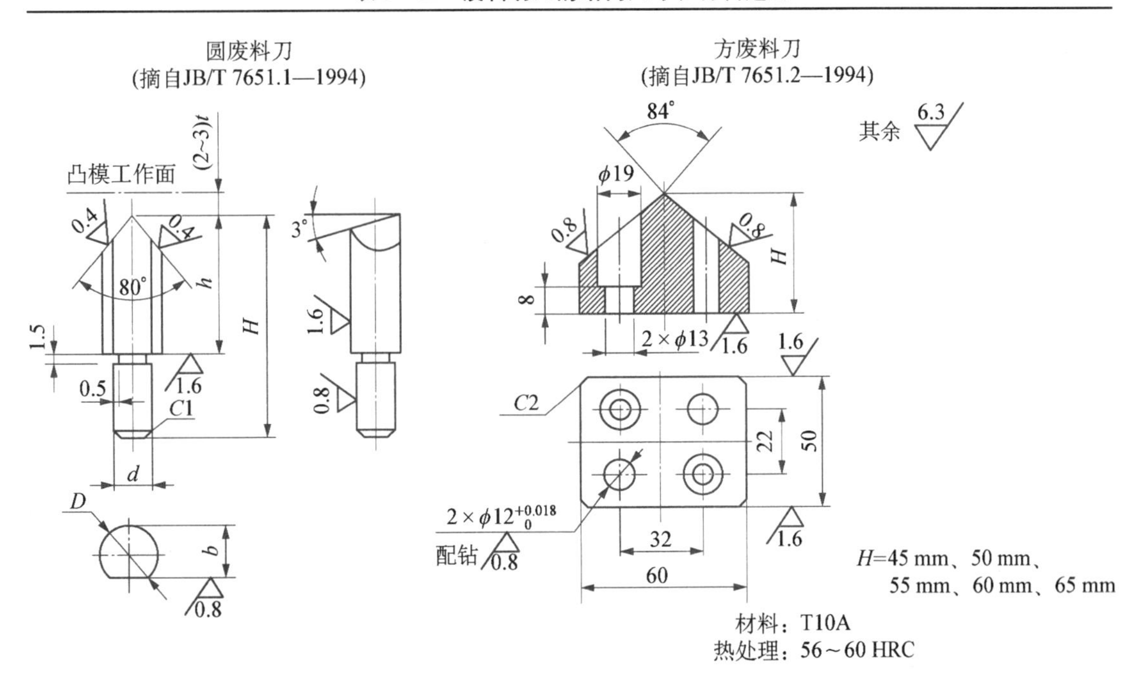

序号	D	d(m6)		H	h	b
		基本尺寸	极限偏差			
1	14	8	+0.028 +0.019	30	18	12
2				32	20	
3				34	22	
4				38	26	
5	20	12	+0.034 +0.023	38	24	18
6				40	26	
7				42	28	
8				46	32	
9	24	16		46	28	22
10				48	30	
11				50	32	
12				54	36	
13	30	20	+0.045 +0.028	53	28	27
14				57	32	
15				61	36	
16				65	40	

3.2.5 支持与夹持零件材料的选用

支持与夹持零件用来安装固定工艺零件以及承受和传递工作压力，包括上模座、下模座、模柄、凸模固定板、凹模固定板、凸模垫板、限位柱等。

上下模座作为整副模具的基础，直接或间接地对整副模具零件起固定作用，同时还承受和传递工作压力。因此，要具备足够的强度和刚度，以提高模具寿命，保证制件精度。模座种类很多，有对角导柱上、下模座，中间导柱上、下模座，后侧导柱上、下模座，滚动导向上、下模座，无导柱规定的钢板及铸铁模座等。国家标准（GB/T2855～2857—1990）中，模座已实现标准化，设计模具时根据使用要求和工艺特点选用即可。模座一般选用的材料是 HT200，有时也选用 ZG200～400，也有选用 Q235、Q275 的厚钢板刨削加工使用。HT200 的模座材料的许用应力为 90～140 MPa，ZG200～400 模座材料的许用应力为 110～150 MPa。

模柄是冷冲模主要的夹持零件，模柄有压入式模柄、旋入式模柄、凸缘模柄、单浮动模柄（还包括凸球垫板零件）、双浮动模柄（还包括双凹球垫块零件）。根据国家标准（JB/T7646.1—1994～JB/T7646.5—1994），压入式模柄、旋入式模柄、凸缘模柄的材料都推荐选用 Q235、Q275；单浮动模柄、凸球垫板、双浮动模板、双凹球垫块都推荐选用 45 钢，热处理 43～48 HRC。

冷冲模主要的支持零件有凸模垫板和限位柱。凸模垫板主要用来增加凸模部分刚度，一般推荐选用 45 钢，热处理 43～48 HRC；限位柱是限定冲压行程的标志，其结构尺寸和材料选用见表 3－22。

表 3－22　限位柱的结构尺寸和材料选用（摘自 JB/T7653.2—1994）

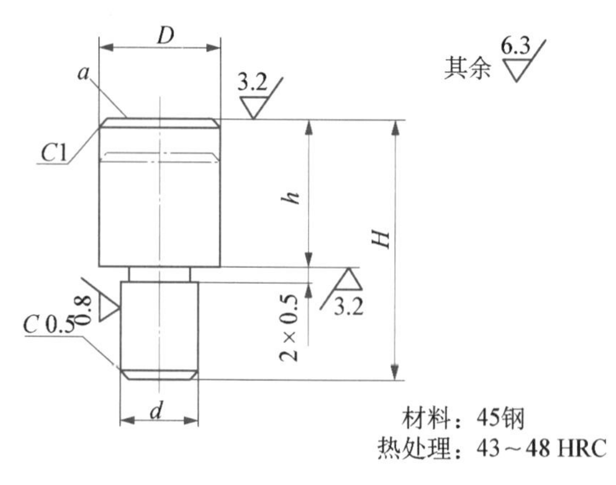

D	d(r6)		h	H	D	d(r6)		h	H
	基本尺寸	极限偏差				基本尺寸	极限偏差		
12	6	+0.023 +0.015	10	18	25	12	+0.034 +0.023	20	32
			15	23				25	37
			20	28				30	42
			25	33				35	47
			30	38				45	57

续　表

D	d(r6)		h	H	D	d(r6)		h	H
	基本尺寸	极限偏差				基本尺寸	极限偏差		
16	8	+0.028 +0.019	15	25				55	67
			20	30	30	14		30	46
			25	35				40	56
			30	40				50	66
			35	45				60	76
20	10		20	30	40	18		65	85
			25	35				75	95
			30	40				85	105
			35	45				95	115
			40	50				105	125
			50	60				115	135

注：a 面按实际需要修磨。

3.2.6　导向零件材料的选用

与注塑模类似，冷冲压模具导向机构用于保证模具工作时上、下模部分正确开模、合模。导向机构最常用的是导柱、导套结构，分光滑圆柱导向和滚珠导向两种。导柱和导套已经实现标准化，模具设计时直接根据国家标准选用即可。光滑导柱分为 A 型和 B 型两种，其材料选用见表3－23、表 3－24。与之对应的导套也分 A 型和 B 型两种，其材料选用见表 3－25、表 3－26。

表 3－23　A 型导柱的结构尺寸和材料选用(摘自 GB/T2861.1—1990)

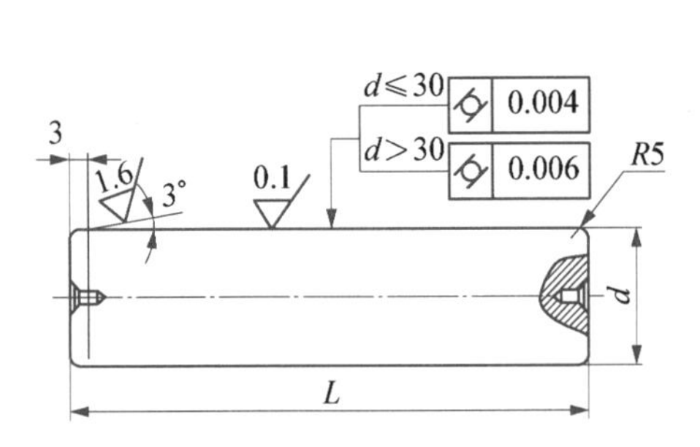

材料：20钢、T8、GCr15
热处理：(20钢，渗碳深度0.8～1 mm)
58～62 HRC
GCr15,62～65 HRC

基本尺寸 d	极限偏差		总长 L
	h5	h6	
16	0 −0.008	0 −0.011	90～110
18			90～130

续 表

基本尺寸 *d*	极限偏差		总长 *L*
	h5	h6	
20	0 −0.009	0 −0.013	100～130
22			100～150
25			110～180
28			130～200
32	0 −0.011	0 −0.016	150～210
35			160～230
40			180～250
45			200～290
50			200～300
55	0 −0.013	0 −0.019	220～320
60			250～320

注：h5 用于一级精度；h6 用于二级精度。

表 3-24 **B 型导柱的结构尺寸和材料选用(摘自 GB/T2861.2—1990)**

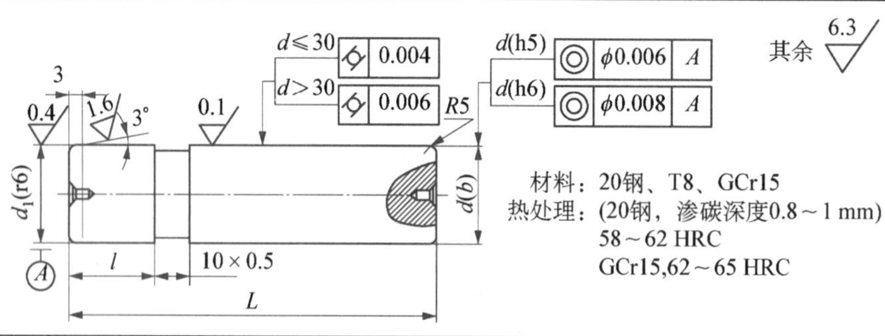

基本尺寸 *d*	极限偏差			压入部分长度 *l*	总长 *L*
	h5	h6	r6		
16	0 −0.008	0 −0.011	+0.034 +0.023	25～30	90～110
18				25～40	90～130
20	0 −0.009	0 −0.013	+0.041 +0.028	30～40	100～130
22				30～45	100～150
25				35～50	110～180
28				40～55	130～200
32	0 −0.011	0 −0.016	+0.050 +0.034	45～60	150～210
35				50～65	160～230
40				55～70	180～260

续　表

基本尺寸 d	极限偏差			压入部分长度 l	总长 L
	h5	h6	r6		
45	0 −0.013	0 −0.019	+0.060 +0.041	60～75	200～290
50				60～80	200～300
55				65～90	220～320
60				70～90	250～320

注：① h5用于一级精度；h6用于二级精度。
② 压入部分直径对工作部分直径的同轴度极限偏差不大于工作部分极限偏差的1/2。

表3-25　A型导套的结构尺寸和材料选用（摘自GB/T2861.6—1990）

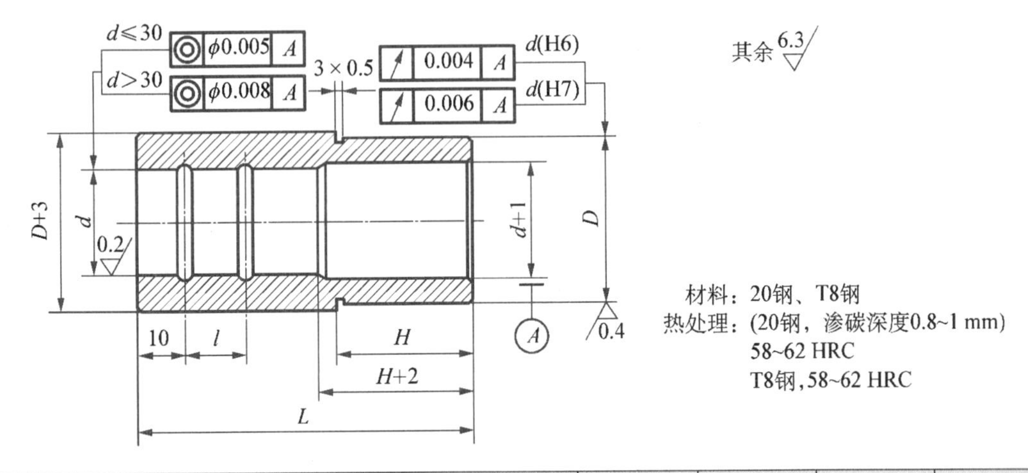

工作部分直径 d			压入部分直径 D(r6)		L	H	l	油槽数
基本尺寸	极限偏差		基本尺寸	极限偏差				
	H6	H7						
16	+0.011 0	+0.018 0	25	+0.041 +0.028	60～65	18～23	10～15	2
18			28		60～70	18～28		
20	+0.013 0	+0.021 0	32	+0.050 +0.034	65～70	23～28		
22			35		65～85	25～33		
25			38		80～95	28～38	10～20	
28			42		85～110	33～43	10～25	
32	+0.016 0	+0.025 0	45	+0.060 +0.041	110～115	38～48		
35			50		105～125	43～48		
40			55		115～140	43～53	20	2～3
45			60		125～150	48～58	25	
50			65		125～160	48～63		3
55	+0.019 0	+0.030 0	70	+0.062 +0.042	150～170	53～73		
60			75		160～170	58～73		

注：H6用于一级精度；H7用于二级精度。

表 3-26 B 型导套的结构尺寸和材料选用(摘自 GB/T2861.7—1990)

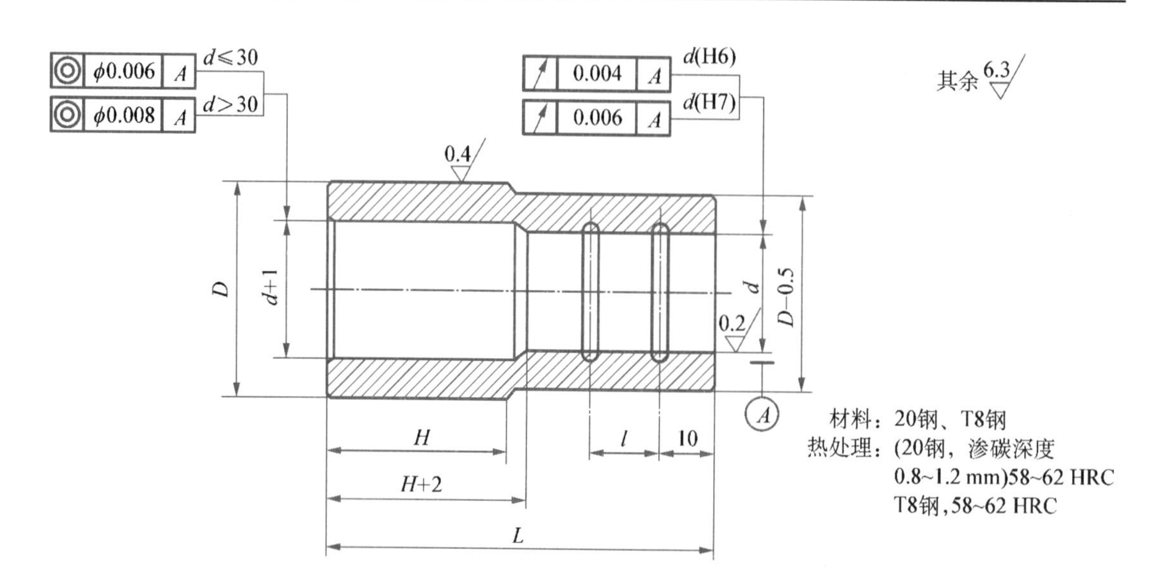

工作部分直径 d			压入部分直径 D(r6)		L	H	l	油槽数
基本尺寸	极限偏差 H6	极限偏差 H7	基本尺寸	极限偏差				
16	+0.011 0	+0.018 0	25	+0.041 +0.028	40～65	18～23	8～15	2
18			28		40～70	18～28		
20	+0.013 0	+0.021 0	32	+0.050 +0.034	45～70	23～28		
22			35		50～85	25～38	10～15	
25			38		55～95	27～38	10～20	
28			42		60～110	30～43	10～25	
32	+0.016 0	+0.025 0	45	+0.060 +0.041	65～115	33～48		
35			50		70～125	33～48		
40			55		115～140	43～53	20	2～3
45			60		125～150	48～58	25	
50			65		125～160	48～63		3
55	+0.019 0	+0.030 0	70	+0.062 +0.042	150～170	53～73		
60			75		160～170	58～73		

注：H6 用于一级精度；H7 用于二级精度。

滚珠导向机构包括滚珠导柱、滚珠导套和钢球保持圈，材料选用见表 3-27～表 3-29。

表 3 - 27　滚动导柱的结构尺寸和材料选用(摘自 GB/T2861.3—1990)

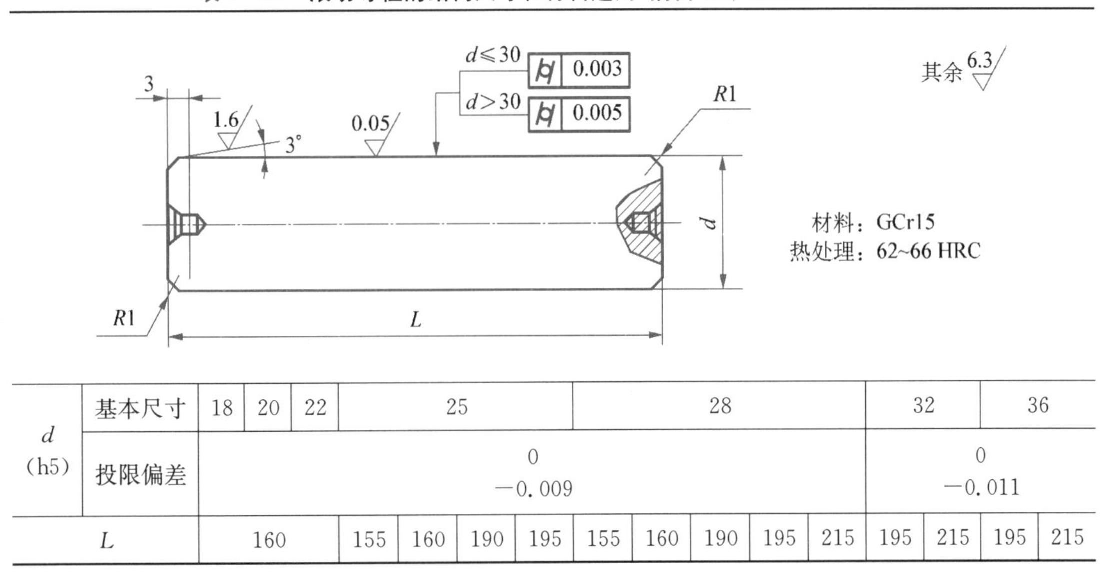

d (h5)	基本尺寸	18	20	22	25				28					32		36	
	投限偏差	0 −0.009												0 −0.011			
L		160			155	160	190	195	155	160	190	195	215	195	215	195	215

表 3 - 28　滚动导套的结构尺寸和材料选用(摘自 GB/T2861.8—1990)

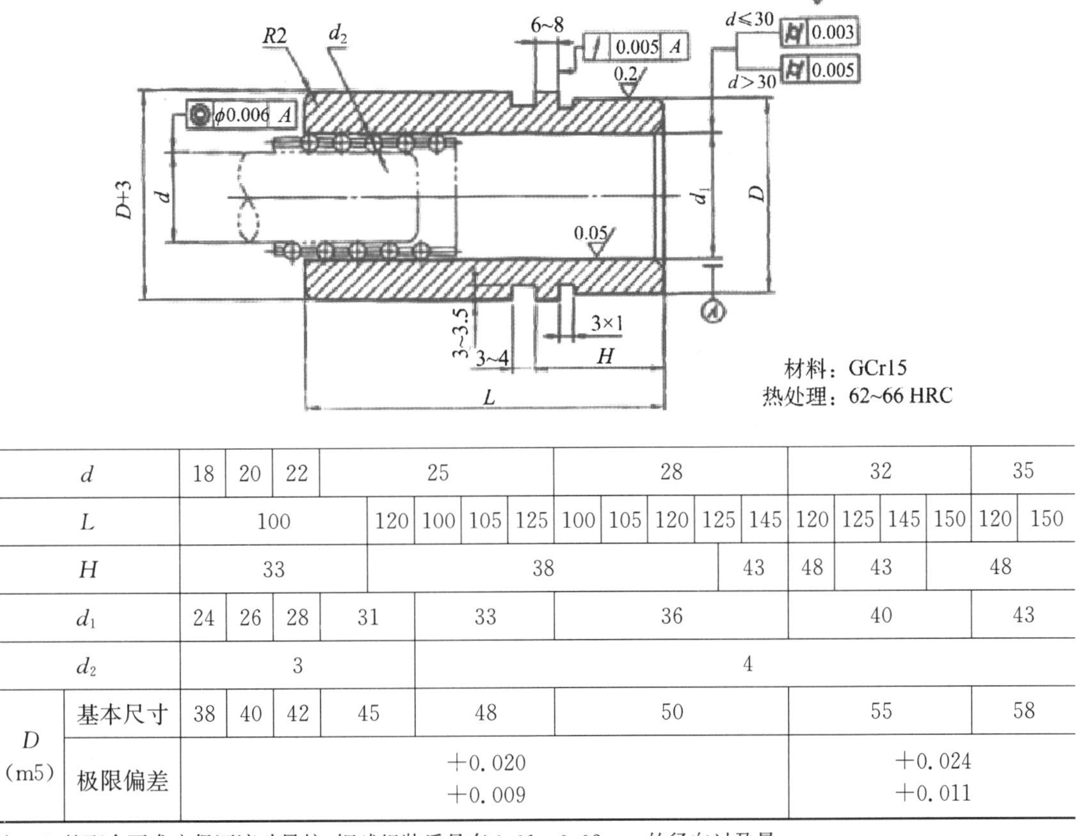

d		18	20	22	25					28					32				35	
L		100				120	100	105	125	100	105	120	125	145	120	125	145	150	120	150
H		33				38								43	48	43		48		
d_1		24	26	28	31		33			36					40				43	
d_2		3					4													
D (m5)	基本尺寸	38	40	42	45		48			50					55				58	
	极限偏差	+0.020 +0.009													+0.024 +0.011					

注：d_1 的配合要求应保证滚动导柱、钢球组装后具有 0.01～0.02 mm 的径向过盈量。

表 3 - 29　钢球保持圈的结构尺寸和材料选用(摘自 GB/T2861. 10—1990)

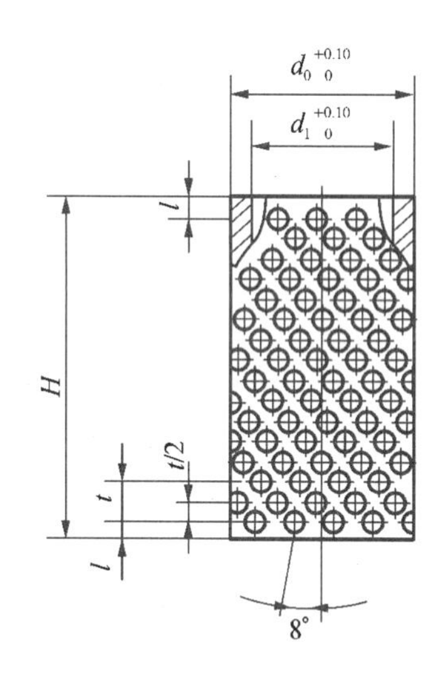

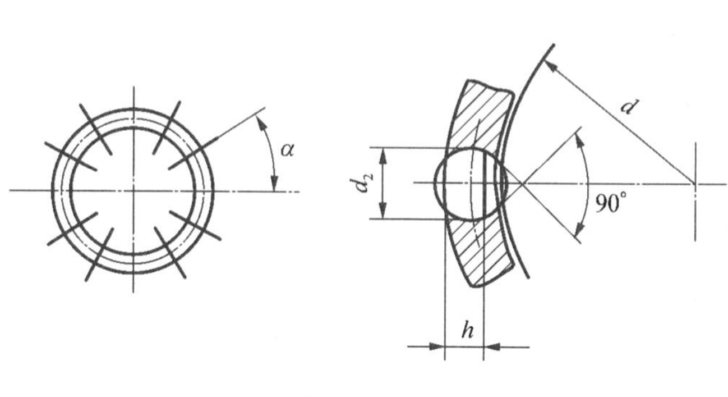

材料：2A12、H62

d	18	20	22	25		28			32		35	
d_0	23.5	25.5	27.5	30.5	32.5	35.5			39.5		42	
d_1	18.5	20.5	22.5			28.5			32.5		35.5	
H	64				76	64	76	84	76	84	76	84
α	40°		36°	30°	40°	36°			30°			
d_2	3.1				4.1							
l	3.5				4							
t	6				8							
h	1.8				2.5							

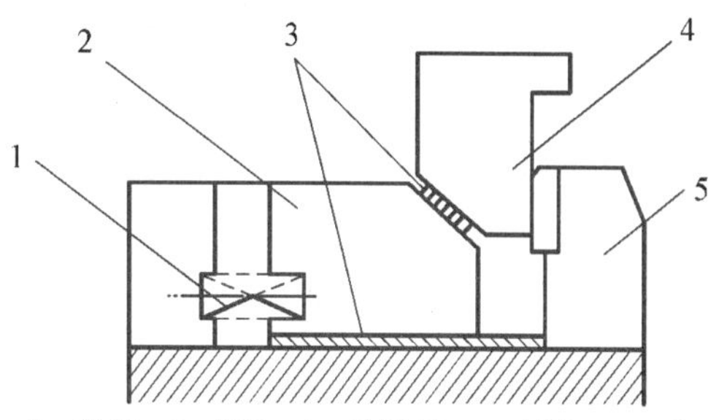

1—弹簧；2—滑块；3—防磨板；4—斜楔；5—后挡块

图 3 - 25　斜楔工作示意

3.2.7　传动零件材料的选用

传动零件主要包括斜楔(侧楔)、凸轮、导向块(滑板)、铰链接头等,用于制件加工方向需要水平或成倾斜等某种特定运动方向时改变压力机垂直上下的运动。斜楔主要用于自动送料冲模、滑块式弯曲模和冲侧向孔模具中改变运动方向,其工作示意如图 3 - 25 所示。材料推荐选用 T8A,热处理 54～58 HRC。若滑动面和接触面上承受压力过大,应增设防磨板,提高模具寿命。

3.3 新型冷冲压模具材料

选用冷冲压模具材料时，应重视新型模具材料的选用。目前新型冷冲压模具材料主要是高韧性、高耐磨性钢，C、Cr含量低于传统的Cr12型模具钢，增加了Mo、V合金含量，其耐磨性优于Cr12Mo1V1钢，韧性和抗回火软化能力则高于Cr12钢。例如，日本大同特殊钢公司的DC53(Cr8Mo2VSi)、美国钒合金钢公司早期的Vasco Die(8Cr8Mo2V2Si)，以及我国的7Cr7Mo2V2Si(LD钢)、9CrW3Mo2V2(GM钢)等，分别用于冷挤压模具、冷冲模具及高强度螺栓的滚丝模具。目前新型冷冲压模具钢主要如下。

(1) GD钢　6CrNiMnSiMoV，是一种高强韧性低合金冷作模具钢，含碳量比一般工具钢稍低，含有Cr、Mn合金元素，以保证淬透性，含有两种用于强韧化的元素Si、Ni和细化晶粒的元素Mo、V，但其合金度低于5%。易退火软化，硬度220～240 HBW，淬火区间较宽，淬火温度不高，耐磨性、强韧性较好，淬透性高，淬火变形小，可用于低温淬火、低温回火工艺。采用下贝氏体等温淬火，进一步提高了钢的韧性。

(2) GM钢　9Cr6W3Mo2V2，适用于制造冲裁、冷挤、冷锻、冷剪、高强度螺栓滚丝轮等要求精密、高耐磨的模具，是以提高耐磨性为主要目的的高耐磨冷作模具钢。通过Cr、W、Mo、V等碳化物形成元素的合理配比，并根据平衡碳规律配碳，使钢具有最佳的二次硬化能力及抗磨损能力，同时又保持了较高的强韧性和良好的冷热加工性能。

(3) LD钢　7Cr7Mo2V2Si，最初针对冷镦模具研制，现已被广泛应用于制造冷锻、冷冲、冷压、冷弯等承受冲击、弯曲应力较大，又要求耐磨损的各类冷作模具。加入Cr、Mo、V元素，有利于二次硬化，保证钢具有较高的硬度、强度和良好的耐磨性；含碳量低于平衡碳规律，使钢在具有高硬度的同时，又具有较好的韧性；加入一定量的Si，以强化基体，提高回火稳定性。LD钢常用的热处理工艺是1100～1150℃淬火，530～570℃回火，回火后硬度57～63 HRC。1100℃淬火后的组织为细针马氏体、残留奥氏体和剩余碳化物，晶粒度10.5级。1 100℃淬火、570℃回火后的组织为回火马氏体和残余碳化物。

(4) ER5钢　Cr8MoWV3Si，适用于制造承受冲击力较大，冲击速度较高的精密冷冲，重载冷冲以及要求高耐磨的冷作模具。该钢在具有较高强韧性的同时，又具有非常好的耐磨性。在回火过程中弥散析出的特殊碳化物，是ER5钢比Cr12系钢具有更高强韧性和耐磨性的重要原因。

新型冷作模具钢在冷冲裁模方面应用效果见表3-30。

表3-30　新型冷作模具钢在冷冲裁模方面应用效果

模具名称	钢　号	平均寿命对比
簧片凹模	Cr12，CrWMn GD	总寿命：15万件 60万件
接触簧片级进模凸模	W6Mo5Cr4V2 GD	总寿命：0.1万件 2.5万件
GB66光冲模	60Si2Mn LD	总寿命：1.0～1.2万件 4.0～7.2万件

续　表

模具名称	钢　　号	平均寿命对比
中厚45钢板落料模	Cr12MoV，T10A GH－1(7CrSiMnMoV)	刃磨一次寿命：600件 1 300件
转子片复式冲模	Cr12，Cr12MoV GM ER5	总寿命：20～30万件 100～120万件 250～360万件
印刷电路板冲裁模	T10A，CrWMn 8Cr2WMoVS	总寿命：2～5万件 15～20万件
高速冲模	W12Cr4Mo2VRE	总寿命：200～300万件 (模具费用比YG20大大降低)

3.4　实例分析

实例　某锁紧片(材料为T8A,厚度为1 mm,大批量生产)的冲裁模装配简图如图3－26所示。请根据经验数据或查阅相关设计手册,填写明细表中材料一栏。

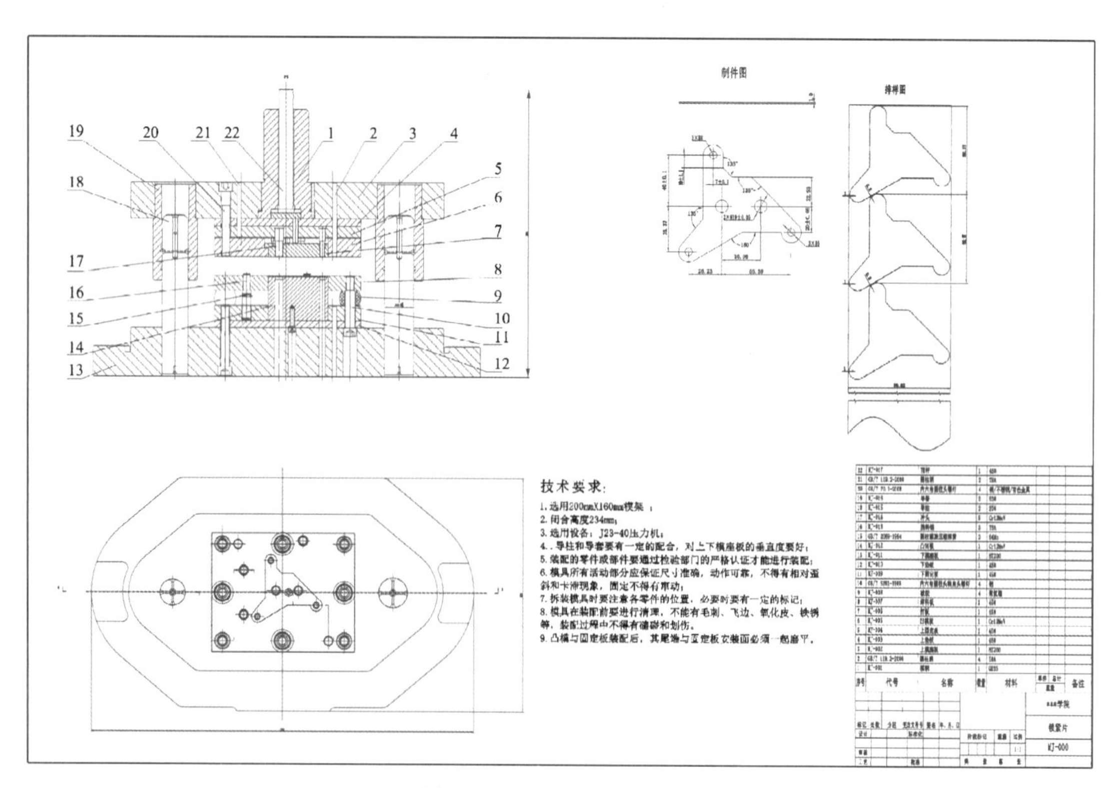

图6－26　冷冲模装配简图

1. 工作零件材料选用

该模具中，工作零件包括凹模板6、凸凹模14和冲头17，其中凹模为整体式的凹模板。根据国家标准及相关资料，其材料都选用Cr12MoV，淬火到58～62 HRC，尾部回火40～50 HRC，具体见表3-31。

表3-31　锁紧片冷冲模工作零件材料选用

序号	零件名称	材料	热处理硬度(HRC)	标准代号	备注
6	凹模板	Cr12MoV	58～62		
14	凸凹模	Cr12MoV	58～62		
17	冲头	Cr12MoV	58～62		

2. 定位零件材料选用

该模具中，定位零件为弹簧弹顶挡料销。根据国家标准JB/T7649.5—2008，选用45钢，热处理到43～48 HRC。

3. 卸料与压料零件材料选用

卸料与压料零件包括打板7、卸料板8和顶杆22。国家标准及本书推荐，均选用45钢，热处理到43～48 HRC，见表3-32。

表3-32　锁紧片冷冲模卸料与压料零件材料选用

序号	零件名称	材料	热处理硬度(HRC)	标准代号	备注
7	打板	45	43～48		
8	卸料板	45	43～48		
22	顶杆	45	43～48		

4. 支持与夹持零件材料选用

支持与夹持零件包括模柄1、上模座板3、上垫板4、上固定板5、下固定板11、下垫板12、下模座板13。国家标准及本书推荐，模柄1选用Q235，上模座板和下模座板均选用HT200，上垫板、上固定板、下固定板、下垫板均选用45钢，热处理到43～48 HRC，见表3-33。

表3-33　锁紧片冷冲模支持与夹持零件材料选用

序号	零件名称	材料	热处理硬度(HRC)	标准代号	备注
1	模柄	Q235			
3	上模座板	HT200			
4	上垫板	45	43～48		
5	上固定板	45	43～48		
11	下固定板	45	43～48		
12	下垫板	45	43～48		
13	下模座板	HT200			

5. 导向零件材料选用

导向零件包括导柱 18 和导套 19。国家标准及本书推荐，导柱 18 和导套 19 均选用 20 钢，热处理到 58～62 HRC，表面渗碳深度达到 0.8～1 mm，见表 3-34。

表 3-34　锁紧片冷冲模导向零件材料选用

序号	零件名称	材料	热处理硬度(HRC)	标准代号	备注
18	导柱	20	58～62		表面渗碳
19	导套	20	58～62		表面渗碳

6. 紧固及其他零件材料选用

紧固及其他零件包括圆柱销 2、21，内六角圆柱头轴肩头螺钉 10，内六角圆柱头螺钉 20，橡胶 9 和圆柱螺旋压缩弹簧 15，其中，圆柱销、内六角圆柱头轴肩头螺钉和内六角圆柱头螺钉均选用标准件，橡胶材料为聚氨酯，圆柱螺旋压缩弹簧选用 65 Mn，见表 3-35。

表 3-35　锁紧片冷冲模紧固及其他零件材料选用

序号	零件名称	材料	热处理硬度(HRC)	标准代号	备注
2	圆柱销			GB/T119.2—2000	
9	橡胶	聚氨酯			
10	内六角圆柱头轴肩头螺钉			GB/T5281—1985	
15	圆柱螺旋压缩弹簧	65 Mn		GB/T2089—1994	
20	内六角圆柱头螺钉			GB/T70.1—2008	
21	圆柱销			GB/T119.2—2000	

最终填写完整的材料选用如图 3-27 所示。

(见下页)

复习思考题

1. 根据国家标准，冷冲压模具有哪些类型？

2. 简述冷冲压模具结构组成。

3. 冷冲压模具的各零件一般推荐选用哪些材料？

4. 查阅相关文献资料，简述目前使用的新型冷冲压模具材料。

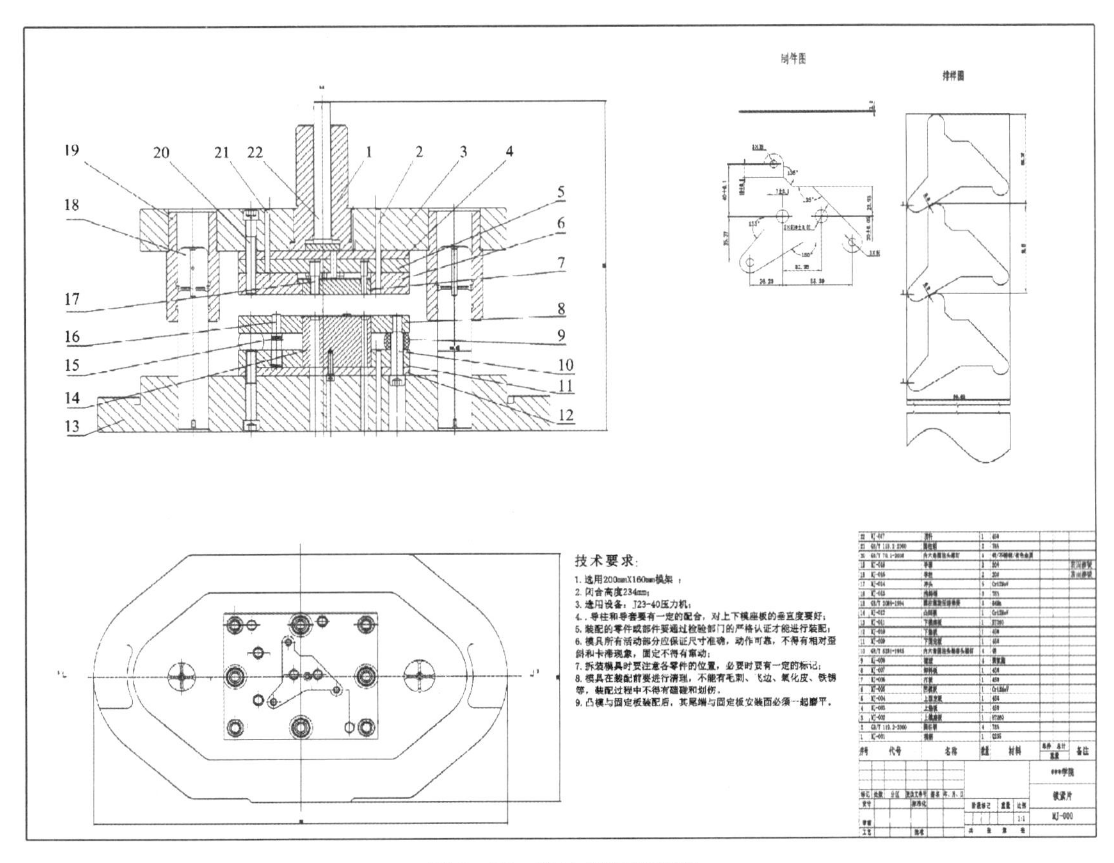

图 3-27　冷冲模装配简图

第4章

热作模具材料选用

学习目标 本章主要学习热作模具工作条件和性能要求，压铸模、热挤压模、热锻模 3 种常见热作模具的结构组成、工作条件和对材料的性能要求，并在此基础上学习各模具零件材料的选用。能在教师引导下，团队合作，完成实例模具材料的选用。

本章学习后，应达到以下目标：

1. 掌握热作模具工作条件和性能要求；
2. 了解压铸模的结构组成；
3. 掌握压铸模、热锻模、热挤压模的工作条件和对材料的性能要求；
4. 掌握各模具零件材料的选用；
5. 能完成实例分析。

热作模具是将加热到结晶温度以上的固态或液态金属压制成型的工具，典型的热作模具有压铸模、热挤压模、热锻模等。其特点是模具与高温金属接触时间长、模具温度高，易造成模具型腔塌陷磨损、表面氧化和热疲劳，因此要求模具材料具有高温强度、冷热疲劳抗力、耐磨损等性能。然而，各类热作模具工作条件不尽相同，同一种模具的各零件作用也不同。因此，对材料的性能要求不同，要根据模具中各零件对材料的性能要求选材。

4.1 热作模具工作条件和性能要求

4.1.1 热作模具的工作条件

热作模具工作条件的主要特点是与高温热态金属相接触。模具在高温下承受交变应力和冲击力，工件成型温度往往在 1 000℃以上，模具温度可达到 400～700℃，甚至 700℃以上。模具同时还要经受高温氧化及烧损，在强烈水冷条件下经受冷热变化，承受强烈的冷热冲击作用。热作模具的服役条件，基本都有以下 3 种情况。

(1) 型腔表层金属受热　热作模具种类多，因此型腔表层金属受热温度不尽相同，其最低也有几百摄氏度。但是，热挤压模具与压铸模具的型腔表层温度更高。

(2) 承受载荷作用　压铸模具和热挤压模具在高压下服役,而锤锻模具更需承受强烈的冲击载荷和工作应力。热作模具在工作过程中,承受拉伸应力、压缩应力、冲击应力、弯曲应力、热应力和摩擦力等,工作条件比较复杂。

(3) 型腔表层金属产生热疲劳　在每次使热态金属成型后,都要用冷却介质冷却模具型腔的表面,其工作状态是间歇性的反复受热和冷却。因此,型腔表层金属产生反复的热胀冷缩,也即反复承受拉压应力作用,引起型腔表面出现裂纹。

热作模具的失效形式复杂,通常多种失效形式同时存在致使模具报废,具体见表 4-1。

表 4-1　热作模具常见失效形式

模具种类	失效形式	概论统计%
铝压铸模	热疲劳	>70
	熔蚀	<5
	变形	5～15
铝合金压铸模	断裂	>50
	磨损	25～40
	变形	～6
铜压铸模	热疲劳	95
	熔蚀、变形	5
铜管热挤压模	压塌	88
	开裂	5～12
中小机锻模（工作温度 650℃）	热磨损、压塌	>87.5
	热磨损、开裂	少量型腔较深模具
中小机锻模（工作温度 600℃）	热磨损、压塌	74
	热磨损、开裂	少量型腔较深模具
大截面机锻模	磨损+深型槽底角裂纹	80
	塑性变形	20
大截面锤锻模	磨损+深型槽底角裂纹	70
	塑性变形	20
	燕尾开裂	10

4.1.2　热作模具对材料的性能要求

热作模具对材料性能要求,主要有:

(1) 较高的高温屈服强度　提高模具在工作温度下的抗堆塌变形能力。

(2) 良好的冲击韧性和断裂韧性　提高模具抗断裂破坏的能力。

(3) 良好的耐热磨损性和抗氧化性　提高模具的抗磨粒磨损、抗氧化磨损和抗黏着磨损能力。

(4) 良好的热稳定性　材料在高温条件下，保持硬度、组织稳定性和抗软化的能力。钢的热稳定性，一般用回火保温 4 h、硬度降低至 45 HRC 时的最高加热温度表示。

(5) 良好的抗疲劳性能　是指疲劳强度、疲劳极限、疲劳寿命。保证在热应力和机械应力循环作用下，模具表面不易形成网状裂纹。

(6) 良好的导热性　降低模具表面的温度、减少模具内外温差，尽可能减少在工况条件下模具力学性能下降的幅度。

(7) 铸造工艺性好　流动性好、收缩率小，不易产生铸造缺陷。

(8) 可锻造性好　热锻变形抗力小、塑性好，锻造温度范围宽，锻裂、冷裂及析出网状碳化物等倾向小。

(9) 可切削性好　切削用量大、刀具磨损小，加工表面粗糙度低。

(10) 可磨削性好　砂轮相对损耗量小，无烧伤极限，磨削用量大，对砂轮和冷却条件不敏感，不易磨伤、磨裂。

(11) 淬透性好　热作模具一般尺寸较大，尤其是热锻模。为了使热作模具截面的性能均匀，提高模具的使用性能及寿命，热作模具钢必须具有好的淬透性。

(12) 淬火工艺性好　淬火温度范围较宽、淬火开裂敏感性小、淬火变形倾向小，采用缓慢冷却介质可以淬透和淬硬。

(13) 焊接工艺性好　焊接工艺简单，堆焊的耐磨材料或耐蚀材料与母材结合强度高，不易出现焊接缺陷。

各种热作模具对材料的性能要求，见表 4-2。

表 4-2　各种热作模具对材料的性能要求

热作模具种类	性能要求	热作模具种类	性能要求
压铸模具	高温强度、热硬性、耐回火性、高温抗氧化性、耐冲击性	精密模锻模具	高温强度、耐回火性、耐磨性、耐疲劳性
热挤压模具	热硬性、耐磨性、耐疲劳性	热镦模具	耐热疲劳性
热锻模	硬度、耐热疲劳性、耐冲击性	热轧辊模具	耐热疲劳性
高速锻模具	韧性、硬度、耐热疲劳性		

4.2　常见热作模具的材料选用

4.2.1　压铸模的材料选用

1. 压铸模结构组成

压力铸造是在高压作用下，将液态或半液态金属以极高的速度充填入金属铸型(压铸模)型腔，并在压力作用下凝固而获得铸件的金属成型方法。可将熔化的金属直接压铸成各种结

构形状复杂(镶衬组合零件)、尺寸精确、组织致密、表面光洁的零件，是生产效率很高的生产方法。此过程需要压铸设备、压铸模、压铸工艺三大要素，其中压铸模最为关键。根据压铸金属的不同，压铸模主要有锌合金压铸模具、铝合金压铸模具、铜合金压铸模具、黑色金属压铸模具。

压铸模主要由定模和动模两大部分组成。定模与压铸机的压射机构连接，并固定在定模安装板上；浇注系统与压室相通，压铸型腔一般设计在此部分。动模则安装在压铸机的动模安装板上，并随动模安装板移动而与定模合模或开模，顶出机构一般设计在此部分，如图4-1所示。

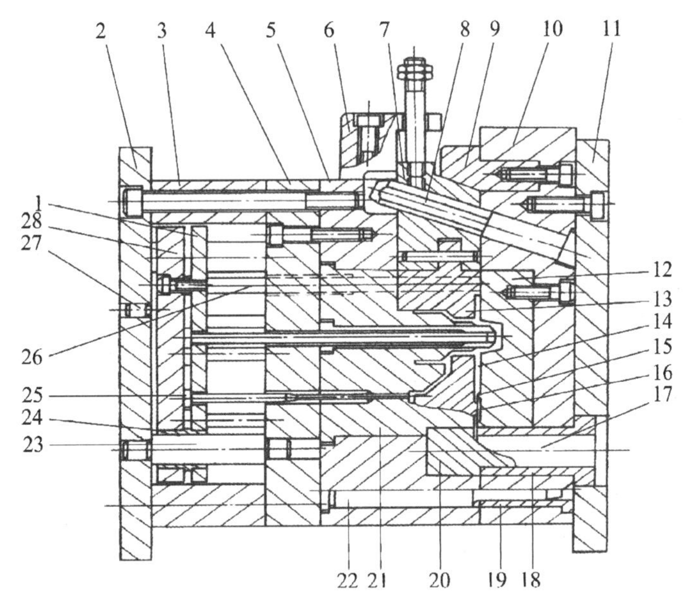

1—推杆固定板；2—动模座板；3—垫块；4—支承板；5—动模套板；6—滑块支架；7—滑块；8—斜销；9—楔紧块；10—定模套板；11—定模座板；12—定模镶块；13—活动型芯；14—型腔；15—内浇口；16—横浇道；17—直浇道；18—浇口套；19—导套；20—导流块；21—动模镶块；22—导柱；23—推板导柱；24—推板导套；25—推杆；26—复位杆；27—限位钉；28—推板

图4-1　压铸模结构组成

根据各部分所起的作用不同，压铸模分为成型工作零件、浇注系统、模架、抽芯机构、加热与冷却系统、溢流与排气系统及其他紧固零件等七大部分。

(1) 成型工作零件　定模镶块和动模镶块合拢后，构成型腔的零件称为成型工作零件，包括固定的和活动的镶块和型芯。根据模具结构不同，有时这部分零件又可以同时成为构成浇注系统和溢流与排气系统的零件，如局部的横浇道、内浇口、溢流槽和排气槽等。

(2) 浇注系统　连接压室与模具型腔，引导金属液按一定方向进入型腔的通道，由直浇道、横浇道和内浇口等组成，其设计好坏直接影响金属液进入型腔的压力和速度。

(3) 模架　模架包括支承与固定零件、导向零件、推出与复位机构3部分。其中，支承与固定零件包括各种套板、座扳、支承板和垫块等构架零件，其作用是将模具各部分按一定的规律和位置加以组合和固定，并使模具能够安装到压铸机上；导向零件引导动模和定模正确合模或开模，包括导柱、导套等；推出与复位机构是将压铸件从压铸模上脱出的机构，包括推出、复位零件。还有这个机构自身的导向和定位零件，包括推杆、推板、推杆固定板、推板导柱、推板导套等。重要部位和易损部分(如浇道、浇口处)的推杆，材料选用应与成型部分零件相同。

(4) 抽芯机构　抽动与开合模方向运动不一致的活动型芯的机构，合模时完成插芯动作，在压铸件推出前完成抽芯动作，包括斜销、滑块、滑块支架、楔紧块等。

(5) 加热与冷却系统　主要用来平稳模具温度，这部分零件不是每套模具必须有的，基本是标准件，包括加热棒、加热圈、冷却水道等。

(6) 溢流与排气系统　排除压室、浇道和型腔中的气体的通道，一般包括排气槽和溢流槽，溢流槽同时也可以储存冷金属和余料余烬。排气槽和溢流槽一般开设在成型工作零件上，有时在难以排气的深腔部位设置通气塞，借以改善该处的排气条件。

(7) 其他　模具内还有如紧固用的螺栓、销钉以及定位用的定位件等，此部分零件基本是标准件。

2. 压铸模工作条件和性能要求

压铸模具是在高压(30～150 MPa)下，将 400～1 600℃的熔融金属压铸成型。成型过程中，模具周期性地经加热和冷却，且受到高速喷入的灼热金属冲刷和腐蚀。因此，模具用钢要求有较高的热疲劳抗力、导热性，以及良好的耐磨性、耐蚀性、热强性和抗氧化性等。

3. 压铸模材料的选用

(1) 成型工作零件材料的选用　压铸模具成型工作零件的选材，主要依据浇注金属的温度以及浇注金属的种类而定。温度越高，压铸模的破坏及磨损也越严重，具体见表 4－3。

表 4－3　压铸模成型工作零件材料选用

压铸合金种类	推 荐 材 料	热处理硬度要求
锌合金	4Cr5MoSiV1、3Cr2W8V(3Cr2W8)、5CrNiMo、4CrW2Si	43～47 HRC(4Cr5MoSiV1) 44～48 HRC(3Cr2W8V)
铝、镁合金	4Cr5MoSiV1、3Cr2W8V(3Cr2W8)	
铜合金	3Cr2W8V(3Cr2W8)、3Cr2W5Co5MoV、4Cr3Mo3W2V、4Cr3Mo3SiV、4Cr5MoSiV1	38～42 HRC

注：① 表中所列材料，先列者为优先选用。
② 压铸锌、镁、铝合金的成型零件经淬火后，成型面可进行软氮化或氮化处理，氮化层深度为 0.08～0.15 mm，硬度不低于 600 HV。

(2) 其他部分零件材料的选用　压铸模中的浇注系统、导向机构、推出机构、模架等零件材料的选用，见表 4－4。

表 4－4　压铸模其他部分零件材料的选用

零 件 名 称	推 荐 材 料	热处理硬度要求	
		压铸锌、镁、铝合金	压铸铜合金
浇道镶块、浇口套、分流锥等浇注系统	4Cr5MoSiV1、3Cr2W8V(3Cr2W8)	43～47 HRC(4Cr5MoSiV1) 44～48 HRC(3Cr2W8V)	38～42 HRC

续　表

零件名称	推荐材料	热处理硬度要求
导柱、导套(斜销、弯销等)	T8A、T10A、GCr15	50～55 HRC
推杆	4Cr5MoSiV1，3Cr2W8V(3Cr2W8)	45～50 HRC
	T8A(T10A)	50～55 HRC
复位杆	T8A(T10A)	50～55 HRC
动、定模套板、支承板，垫块，动、定模底板，推板，推杆固定板	45	调质 220～250 HBS
	Q235 铸钢	

4.2.2　热挤压模的材料选用

1. 热挤压模工作条件和性能要求

热挤压工艺主要用于很多有色金属和钢的型材、管材和异型材的成型。热挤压模是使金属坯料在高温压应力下成型的一种模具。

热挤压模具工作条件相当恶劣，挤压过程中加载速度较慢，既承受压缩应力和弯曲应力，脱模时还承受一定的拉应力，另外还受到冲击负荷的作用，受力非常复杂。又由于热挤压变形时的变形率较大，金属坯料塑性变形时的金属流动，对模具型腔表面产生的摩擦极为剧烈，再加上硬颗粒(如氧化皮)的存在，将导致摩擦的进一步加剧。

同时，模具与炽热金属接触时间较长，使其受热温度很高。在挤压铜合金和结构钢时，模具的型腔温度可达到 600～800℃；若挤压不锈钢或耐热钢坯料，模具的型腔温度会更高。为防止模具的温度升高，影响加工质量和模具寿命，需要冷却模具(特别是凸模)，工件脱模后，需要每次用润滑剂和冷却介质涂抹模具的工作表面。

由于热挤压模具经常受到急冷、急热的交替作用，导致热疲劳损坏更为严重，所以热挤压模的主要失效形式是模腔过量塑性变形、开裂、冷热疲劳、热磨损以及模具型腔表面的氧化腐蚀等。

热挤压模具主要由挤压筒、冲头、凹模和芯棒(用于挤压管材)等主要部件组成。热挤压模具的寿命与所挤压的材料、挤压比密切相关，当加工变形拉力大的金属材料或在高挤压比的情况下，凹模和芯棒的寿命大为缩短，模具的润滑条件和冷却条件对模具寿命有很大的影响。对热挤压模材料的性能要求主要是：很高的室温及高温硬度和热稳定性，较高的抗氧化能力，良好的冷热疲劳抗力和高耐磨性，较高的高温强度和足够的韧性。

2. 热挤压模材料的选用

(1) 工作零件材料的选用　热挤压模具材料选用时，主要应根据被挤压金属种类及挤压温度来决定，另外也应考虑到挤压比、挤压速度和润滑条件对模具使用寿命的影响。根据挤压金属的不同，热挤压模具工作零件的选材可参照表 4-5。

(2) 其他零件材料的选用　热挤压模具的模座、挤压垫、挤压杆、挤压芯棒、挤压筒内衬套、挤压筒外衬套等零件材料的选用见表 4-6。

表 4－5 热挤压模具工作零件材料的选用

挤压金属种类	推 荐 材 料	热处理硬度要求
钢、钛及镍合金(挤压温度1 100～1 260℃)	4Cr5MoSiV1、4Cr5W2VSi、3Cr2W8V、4Cr4Mo2WVSi、5Cr4W5Mo2V、4Cr3W4Mo2VTiNb、高温合金	43～51 HRC
铜及铜合金(挤压温度650～1 000℃)	4Cr5MoSiV1、4Cr5W2VSi、3Cr2W8V、4Cr4Mo2WVSi、5Cr4W5Mo2V、4Cr3W4Mo2VTiNb、离温合金	40～48 HRC
铝、镁及其合金(挤压温度350～510℃)	4Cr5MoSiV1、4Cr5W2VSi	46～50 HRC
铅、锌及其合金(挤压温度<100℃)	45	16～20 HRC

表 4－6 热挤压模其他零件材料的选用

挤压金属 零件名称	钢、钛及镍合金(挤压温度1 100～1 260℃)	铜及铜合金(挤压温度650～1 000℃)	铝、镁及其合金(挤压温度350～510℃)	铅、锌及其合金(挤压温度低于100℃)
模垫	4Cr5MoSiV1、 4Cr5W2VSi 42～46 HRC	5CrMnMo、 4Cr5MoSiV1、 4Cr5W2VSi 45～48 HRC	5CrMnMo、 4Cr5MoSiV1、 4Cr5W2VSi 45～52 HRC	
模座	4Cr5MoSiV、 4Cr5MoSiV1 42～46 HRC	5CrMnMo、 4Cr5MoSiV 42～46 HRC	5CrMnMo、 4Cr5MoSiV 44～50 HRC	
挤压垫	4Cr5MoSiV1、4Cr5W2VSi、3Cr2W8V、 4Cr4Mo2WVSi、5Cr4W5Mo2V、 4Cr3W4Mo2VTiNb、高温合金 40～44 HRC		4Cr5MoSiV1、 4Cr5W2VSi 44～48 HRC	
挤压杆	5CrMnMo、4Cr5MoSiV、4Cr5MoSiV1 450～500 HBS			5CrMnMo 450～500 HBS
挤压芯棒	4Cr5MoSiV1、 4Cr5W2VSi、 3Cr2W8V 42～50 HRC	4Cr5MoSiV1、 4Cr5W2VSi、 3Cr2W8V 40～48 HRC	4Cr5MoSiV1、 4Cr5W2VSi 48～52 HRC	45 16～20 HRC
挤压筒内衬套	4Cr5MoSiV1、 4Cr5W2VSi、 3Cr2W8V、 4Cr4Mo2WVSi、 5Cr4W5Mo2V、 4Cr3W4Mo2VTiNb、 高温合金 400～475 HBS	4Cr5MoSiV1、 4Cr5W2VSi、 3Cr2W8V、 4Cr4Mo2WVSi、 5Cr4W5Mo2V、 4Cr3W4Mo2VTiNb、 高温合金 400～475 HBS	4Cr5MoSiV1 4Cr5W2VSi 400～475 HBS	
挤压筒外衬套	5CrMnMo、 4Cr5MoSiV 300～350 HBS	5CrMnMo、4Cr5MoSiV 300～350 HBS		T10A(退火)

4.2.3　热锻模的材料选用

1. 热锻模工作条件和性能要求

热锻模是在高温下，通过冲击力或压力对炽热金属坯料热加工成型的模具，包括锤锻模、压力机锻模、热镦模、精锻模和高速锻模等，其中锤锻模最有代表性。热锻模用钢，主要用于各种尺寸的锤锻模、平锻机锻模、大型压力机锻模等。

锤锻模在模锻锤的作用下使加热的金属成型，工作过程中承受模锻锤很大的冲击载荷和压应力作用，而且冲击频率很高。金属坯料的温度达 850～1 150℃（钢铁坯料为 1 000～1 200℃），工作过程中模具型腔不断承受坯料的强烈摩擦，炽热金属坯料对型腔的不断加热和不断摩擦，使模具升温到 300～400℃，局部温度达到 500～700℃。模具的工作特点是间歇性，每锻好一个零件或毛坯，取出后，都要用水、油或压缩空气冷却模具型腔，反复的加热和冷却，使模具表面产生较大的热应力。坯料对模具型腔的强烈摩擦，也会造成模具型腔腔壁的塌陷及加剧磨损等。

锤锻模在机械载荷与热载荷的共同作用下，会在其型腔表面形成复杂的磨损过程，其中包括黏着磨损、热疲劳磨损、氧化磨损等。另外，当锻件的氧化皮未清除或未很好清除时，也会产生磨粒磨损。锤锻模型腔深处的燕尾处易形成应力集中，在燕尾的凹槽底部易形成裂纹而造成开裂。在锤锻模的工作过程中，由于在热载荷的循环、反复加热和冷却的交替作用下，将会产生热疲劳裂纹，导致模具失效。因此，锤锻模的主要失效形式为磨损失效、断裂失效、热疲劳开裂失效及塑性变形失效等。从模具的失效部位来看，型腔中的水平面和台阶易产生塑性变形失效，侧面易产生磨损失效，型腔深处和燕尾的凹角半径处因易萌生裂纹而产生断裂失效。

锤锻模对材料的性能要求主要有：高的冲击韧性（≥30 J/cm^2）和断裂韧性，较高的高温硬度、高温强度，高的热疲劳抗力和回火稳定性，好的淬透性。

2. 热锻模材料的选用

(1) 锤锻模工作零件材料的选用　锤锻模的工作零件指直接与炽热金属坯料接触，成型锻件的部分，包括整体锻模、嵌镶模块等。锤锻模具工作零件的选材，可参照表 4－7；不同类型热锤模对工作零件热处理后的力学性能要求，见表 4－8。

表 4－7　锤锻模具工作零件材料的选用

锻 模 类 型	推荐模具材料
小型（吨位＜1 t、高度＜250 mm）	5CrMnMo、5CrNiTi、5SiMnMoV、4SiMnMoV、6SiMnMoV
中型（吨位 1～3 t、高度 250～350 mm）	5CrMnMo、5CrNiTi、5SiMnMoV、4SiMnMoV、6SiMnMoV
大型（吨位 4～6 t、高度 350～500 mm）	5CrNiMo、5CrNiW、5CrNiTi、5SiMnMoV
特大型（吨位＞6 t、高度＞500 mm）	5CrNiMo、5CrNiW、5CrNiTi、5SiMnMoV

表 4-8 不同类型锤锻模对工作零件的力学性能

锻模类型	锻模高度/mm	模面硬度		燕尾		抗力指标
		HBS	HRC	HBS	HRC	
小型	<250	387～444 364～415	41～47 39～44	321～364	35～39	1. 650℃屈服强度：$\sigma_{0.2} \geqslant 400$ MPa 2. 冲击韧性：$a_{k20℃} \geqslant 50\ J/cm^2$ $a_{k300℃} \geqslant 70\ J/cm^2$ $a_{k0.50℃} \geqslant 50\ J/cm^2$ 3. 640℃回火4 h后硬度：≥35 HRC
中型	250～350	364～415 340～387	39～44 37～41	302～340	33～37	
大型	350～500	321～364	35～39	286～321	30～35	
特大型	>500	302～340	33～37	269～321	28～35	

（2）锤锻模其他零件材料的选用　锤锻模其他零件材料的选用，可参照表 4-9。

表 4-9 锤锻模其他零件材料的选用

零件类型	推荐材料	硬度要求				可代用材料
		模面硬度		燕尾		
		HBS	HRC	HBS	HRC	
嵌模模块	4CrMnSiMoV、5CrNiMo、5Cr2NiMoVSi			269～321	28～35	ZG50Cr 或 ZG40Cr
堆焊锻模模体	4CrMnSiMoV、5CrNiMo、5Cr2NiMoVSi			269～321	28～35	ZG45Mn2
堆焊锻模堆焊材料	4CrMnSiMoV、5CrNiMo、5Cr2NiMoVSi	302～340	32～37			5Cr4Mo、5Cr2MnMo

（3）其他热锻模材料的选用　其他热锻模材料的选用，可参照表 4-10。

表 4-10 其他热锻模材料的选用

热锻模类型	零件名称	推荐材料	硬度要求（HBS）	可代用材料
摩擦压力机锻模	凸模镶块	4Cr5W2VSi、4Cr5MoSiV、3Cr2W8V、3Cr3Mo3V、3Cr3Mo3W2V	390～490	SCrMpMo、5CrMnSiMoV、5CrNiMo
	凹模镶块		390～440	
	凸、凹模镶块模体	40Cr	349～390	45
	整体凸、凹模	5CrMnMo、5SiMnMoV	369～422	8Cr3
	上、下压紧圈	45	349～390	40、35
	上、下垫板和顶杆	T7	369～422	T8

续　表

热锻模类型	零件名称	推荐材料	硬度要求(HBS)	可代用材料
热模锻压力机锻模	终锻模膛镶块	5CrMnSiMoV、5CrNiMo、3Cr3Mo3V、4Cr5W2VSi、4Cr5MoSiV、4Cr3W4Mo2VTiNb	368～415	5CrMnMo、5SiMnMoV
	顶锻模膛镶块		352～388	
	锻件顶杆	4Cr5MoSiV、4Cr5W2VSi、3Cr2W8V	477～555	GCr15
	顶出板、顶杆	45	368～415	40Cr
	垫板		444～514	
	镶块紧固零件	45 40Cr	341～388 368～415	40Cr

4.3　实　例　分　析

实例　某支架压铸件(材料为YZAlSi12,合金代号为YL102)的简图,如图4-2所示。某支架压铸模装配图简图,如图4-3所示。请根据本书及有关设计手册,选择模具零件材料及热处理硬度要求,填写完整表4-11零件明细表。

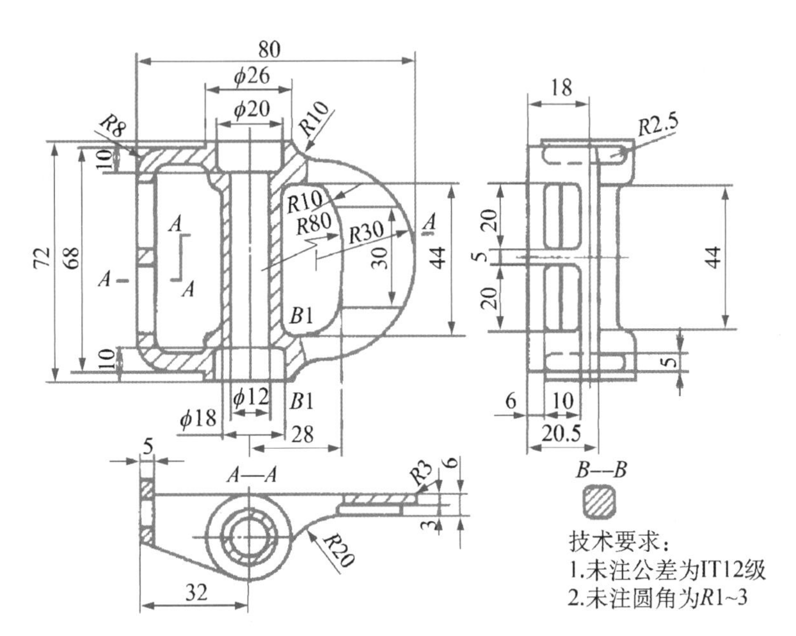

图4-2　某支架压铸件简图

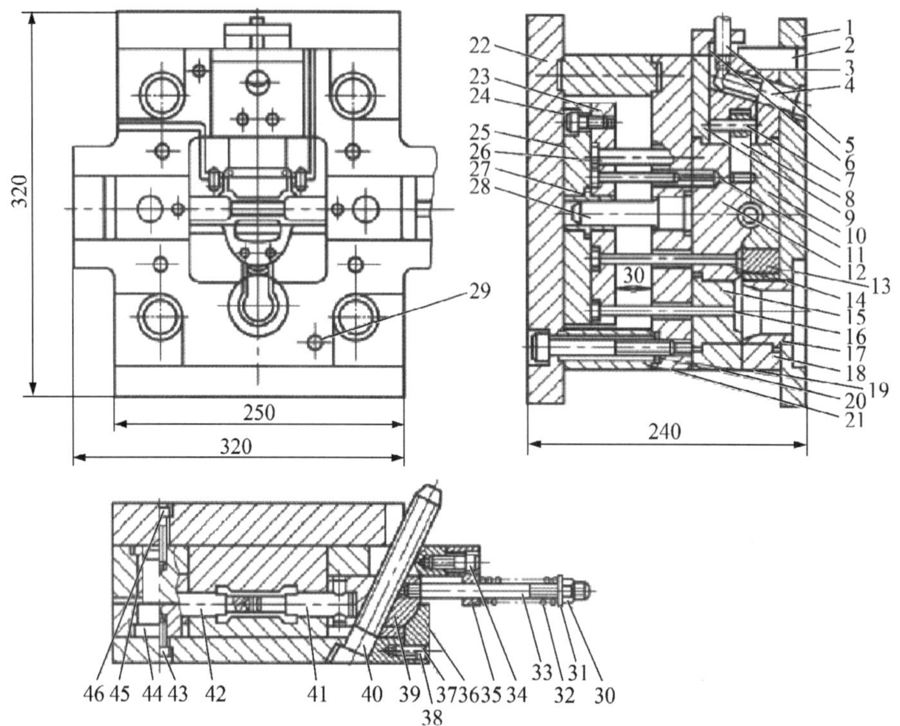

1—定模座板；2、36—楔紧块；3、39—滑块；4、40—斜导柱；5—拉杆；6、35—定位块；7、29、37—圆柱销；8、41、42—侧型芯；9—动模套板；10、13—定模镶块；11、14—推杆；12—动模镶块；15—浇道镶块；16—浇道推杆；17—浇口套；18—定模套板；19—支承板；20、24、34、38、43、46—螺钉；21—垫块；22—动模座板；23—推杆固定板；25—推板；26—复位杆；27—推板导套；28—推板导柱；30—螺母；31—垫圈；32—弹簧；33—拉杆；44—导柱；45—导套

图 4-3 某支架压铸模装配图简图

表 4-11 某支架压铸模零件明细表

序号	零件名称	材料	热处理硬度	标准代号	备注
1	定模座板				
2	楔紧块				
3	滑块				
4	斜导柱				
5	拉杆				
6	定位块				
7	圆柱销				
8	侧型芯				
9	动模套板				
10	定模镶块				
11	推杆				

续　表

序号	零件名称	材料	热处理硬度	标准代号	备注
12	动模镶块				
13	定模镶块				
14	推杆				
15	浇道镶块				
16	浇道推杆				
17	浇口套				
18	定模套板				
19	支承板				
20	螺钉				
21	垫块				
22	动模座板				
23	推杆固定板				
24	螺钉				
25	推板				
26	复位杆				
27	推板导套				
28	推板导柱				
29	圆柱销				
30	螺母				
31	垫圈				
32	弹簧				
33	拉杆				
34	螺钉				
35	定位块				
36	楔紧块				
37	圆柱销				
38	螺钉				
39	滑块				
40	斜导柱				
41	侧型芯				
42	侧型芯				

续 表

序号	零件名称	材料	热处理硬度	标准代号	备注
43	螺钉				
44	导柱				
45	导套				
46	螺钉				

1. 成型工作零件材料的选用

该支架材料为 YZAlSi12，属于压铸铝合金。压铸铝合金的模具成型工作零件可选用 3Cr2W8V，热处理到 44～48 HRC；零件成型后要表面渗氮，渗氮层深度为 0.08～0.15 mm。该模具中，成型工作零件包括侧型芯 8、41、42，定模镶块 10、13 和动模镶块 12，其材料选用见表 4-12。

表 4-12　某支架压铸模成型工作零件材料选用

序号	零件名称	材料	热处理硬度(HRC)	标准代号	备注
8	侧型芯	3Cr2W8V	44～48		表面渗氮
10	定模镶块	3Cr2W8V	44～48		表面渗氮
12	动模镶块	3Cr2W8V	44～48		表面渗氮
13	定模镶块	3Cr2W8V	44～48		表面渗氮
41	侧型芯	3Cr2W8V	44～48		表面渗氮
42	侧型芯	3Cr2W8V	44～48		表面渗氮

2. 浇注系统零件材料的选用

压铸模的浇注系统零件可选用 3Cr2W8V，压铸铝合金时热处理到 44～48 HRC。该模具中，浇注系统零件包括浇道镶块 15、浇道推杆 16 和浇口套 17，其材料选用见表 4-13。

表 4-13　某支架压铸模浇注系统零件材料选用

序号	零件名称	材料	热处理硬度(HRC)	标准代号	备注
15	浇道镶块	3Cr2W8V	44～48		表面渗氮
16	浇道推杆	3Cr2W8V	44～48		表面渗氮
17	浇口套	3Cr2W8V	44～48		表面渗氮

3. 斜导柱侧抽芯零件材料的选用

斜导柱侧抽芯零件包括楔紧块 2、36，滑块 3、39，斜导柱 4、40，定位块 6、35 和拉杆 5、33。滑块在工作中易受热磨损，材料选用 3Cr2W8V，热处理到 45～55 HRC。其余零件材料的选用类似于注塑模的斜导柱侧抽芯机构，选用 T10A，热处理到 50～55 HRC，其材料选用见表 4-14。

表 4-14　某支架压铸模斜导柱侧抽芯零件材料选用

序号	零件名称	材料	热处理硬度(HRC)	标准代号	备注
2	楔紧块	T10A	50～55		
3	滑块	3Cr2W8V	45～55		表面渗氮
4	斜导柱	T10A	50～55		
5	拉杆	T10A	50～55		
6	定位块	T10A	50～55		
33	拉杆	T10A	50～55		
35	定位块	T10A	50～55		
36	楔紧块	T10A	50～55		
39	滑块	3Cr2W8V	45～55		表面渗氮
40	斜导柱	T10A	50～55		

4. 导向机构零件材料的选用

导向机构零件包括导柱44和导套45，选用T10A，热处理到50～55 HRC，表面渗氮0.5～0.8 mm，见表4-15。

表 4-15　某支架压铸模导向机构零件材料选用

序号	零件名称	材料	热处理硬度(HRC)	标准代号	备注
44	导柱	T10A	50～55		表面渗氮
45	导套	T10A	50～55		表面渗氮

5. 推出机构零件材料的选用

推出机构零件包括推杆11、14，推杆固定板23，推板25，复位杆26，推板导套27和推板导柱28。相关资料推荐，推杆固定板和推板选用Q235，其余零件选用T10A，其中推杆和复位杆热处理到50～55 HRC，推板导柱和推板导套热处理到45～50 HRC，具体见表4-16。

表 4-16　某支架压铸模推出机构零件材料选用

序号	零件名称	材料	热处理硬度(HRC)	标准代号	备注
11	推杆	T10A	50～55		
14	推杆	T10A	50～55		
23	推杆固定板	Q235			
25	推板	Q235			
26	复位杆	T10A	50～55		
27	推板导套	T10A	45～50		表面渗氮
28	推板导柱	T10A	45～50		表面渗氮

6. 支承零件材料的选用

支承零件包括定模座板1、动模套板9、定模套板18、支承板19、垫块21和动模座板22,其材料选用见表4-17。

表4-17 某支架压铸模支承零件材料选用

序号	零件名称	材料	热处理硬度(HBS)	标准代号	备注
1	定模座板	Q235			
9	动模套板	45	220～250		
18	定模套板	45	220～250		
19	支承板	45	220～250		
21	垫块	45	220～250		
22	动模座板	Q235			

7. 紧固及其他零件材料的选用

紧固及其他零件包括圆柱销7、37,螺钉20、24、34、38、43、46,螺母30,垫圈31和弹簧32。其中螺母选用45钢,热处理到30～35 HRC。弹簧选用4Cr13,热处理到30～35 HRC,其余选用标准件,具体见表4-18。

表4-18 某支架压铸模紧固及其他零件材料选用

序号	零件名称	材料	热处理硬度(HRC)	标准代号	备注
7	圆柱销			GB/T119—2000	
20	螺钉			GB/T70—2000	
24	螺钉			GB/T70—2000	
29	圆柱销			GB/T119—2000	
30	螺母	45	30～35		
31	垫圈			GB/T94.1—1987	
32	弹簧	4Cr13	30～35		
34	螺钉			GB/T70—2000	
37	圆柱销			GB/T119—2000	
38	螺钉			GB/T70—2000	
43	螺钉			GB/T70—2000	
46	螺钉			GB/T70—2000	

最后,填写完整的材料选用,见表4-19。

表 4-19　填写完整的某支架压铸模零件明细表

序号	零件名称	材料	热处理硬度(HRC)	标准代号	备注
1	定模座板	Q235			
2	楔紧块	T10A	50～55		
3	滑块	3Cr2W8V	45～55		表面渗氮
4	斜导柱	T10A	50～55		
5	拉杆	T10A	50～55		
6	定位块	T10A	50～55		
7	圆柱销			GB/T119—2000	
8	侧型芯	3Cr2W8V	44～48		表面渗氮
9	动模套板	45	220～250 HBS		
10	定模镶块	3Cr2W8V	44～48		表面渗氮
11	推杆	T10A	50～55		
12	动模镶块	3Cr2W8V	44～48		表面渗氮
13	定模镶块	3Cr2W8V	44～48		表面渗氮
14	推杆	T10A	50～55		
15	浇道镶块	3Cr2W8V	44～48		表面渗氮
16	浇道推杆	3Cr2W8V	44～48		表面渗氮
17	浇口套	3Cr2W8V	44～48		表面渗氮
18	定模套板	45	220～250 HBS		
19	支承板	45	220～250 HBS		
20	螺钉			GB/T70—2000	
21	垫块	45	220～250 HBS		
22	动模座板	Q235			
23	推杆固定板	Q235			
24	螺钉			GB/T70—2000	
25	推板	Q235			
26	复位杆	T10A	50～55		
27	推板导套	T10A	45～50		表面渗氮
28	推板导柱	T10A	45～50		表面渗氮
29	圆柱销			GB/T119—2000	
30	螺母	45	30～35		
31	垫圈			GB/T94.1—1987	

续 表

序号	零件名称	材料	热处理硬度(HRC)	标准代号	备注
32	弹簧	4Cr13	30～35		
33	拉杆	T10A	50～55		
34	螺钉			GB/T70—2000	
35	定位块	T10A	50～55		
36	楔紧块	T10A	50～55		
37	圆柱销			GB/T119—2000	
38	螺钉			GB/T70—2000	
39	滑块	3Cr2W8V	45～55		表面渗氮
40	斜导柱	T10A	50～55		
41	侧型芯	3Cr2W8V	44～48		表面渗氮
42	侧型芯	3Cr2W8V	44～48		表面渗氮
43	螺钉			GB/T70—2000	
44	导柱	T10A	50～55		表面渗氮
45	导套	T10A	50～55		表面渗氮
46	螺钉			GB/T70—2000	

复习思考题

1. 简述热作模具工作条件和对模具材料的性能要求。
2. 压铸模的结构组成有哪些？其工作条件是怎样的？
3. 压铸模的成型工作零件一般推荐选用哪些材料？
4. 压铸模的其他结构零件一般推荐选用哪些材料？
5. 热挤压模具的工作条件是怎样的？
6. 热挤压模具的成型工作零件一般推荐选用哪些材料？
7. 热挤压模具的其他结构零件一般推荐选用哪些材料？
8. 热锻模的工作条件是怎样的？
9. 锤锻模的成型工作零件一般推荐选用哪些材料？
10. 锤锻模的其他结构零件一般推荐选用哪些材料？

第5章

【模具材料选用及表面修复技术】

模具表面修复技术

学习目标 本章主要学习常用的模具表面修复技术、塑料模具常用的表面修复、冷拉延模具常用的表面修复、热作模具常用的表面修复，以及模具修复硬化层基本检测方法。

本章学习后，应达到以下目标：

1. 掌握常用的模具表面修复技术；
2. 掌握塑料模具常用的表面修复技术，理解实例应用；
3. 掌握冷拉延模具常用的表面修复技术，理解实例应用；
4. 掌握热作模具常用的表面修复技术，理解实例应用；
5. 掌握模具修复硬化层基本检测方法。

随着模具大型化、精密化、长寿命的发展趋势，模具表面修复技术是对失效和尺寸超差的模具延长使用寿命、降低成本、节约资源的一种行之有效的方法。模具表面修复是指运用一定的修复技术，对因表面失效而至报废的模具修复，使之重新投入使用的技术，也叫做模具再制造技术。修复后的模具，性能不但达到而且超过了新制模具的技术指标，同时还对模具起到了强化作用，大大延长了模具的使用寿命。

模具经反复使用后，表面都会存在不同程度的磨损，尤其存在刮伤、腐蚀等，往往因为局部表面失效而报废丢弃，造成浪费。因此，针对不同的模具失效形式，采用相应的表面修复技术对失效模具修复再利用，已成为延长模具使用寿命、降低企业成本、完成相应生产任务的有效途径。常用的模具表面修复技术，有堆焊修复技术、热喷焊修复技术、电刷镀修复技术、激光熔覆修复技术和电火花修复技术等。

5.1 常用的模具表面修复技术

5.1.1 模具电弧堆焊修复技术

堆焊是把填充金属熔敷在模具损坏处表面，以便得到所要求的性能和规格的焊接技术。可使母材表面具有良好的耐磨、耐腐蚀、耐高温、抗氧化、耐辐射等优良性能，使母材和表面金属承受不同的载荷或发挥其不同的特性。堆焊包括手工电弧堆焊和等离子弧堆焊等。

1. 模具手工电弧堆焊修复技术

利用药皮焊条与被焊金属之间的电弧提供的热，使被焊金属结合的电弧焊方法叫做手工电弧焊。当电弧在焊条端和工件之间引燃时，焊接便开始，电弧热熔化了电弧下面的工件表面形成熔池，熔化的焊条端部迅速形成细小的金属熔滴并通过弧柱过渡到熔池中，随着焊条不断送进和电弧在工件上移动，熔化了部分母材同时添加了金属，冷凝后形成焊缝，如图 5－1 所示。

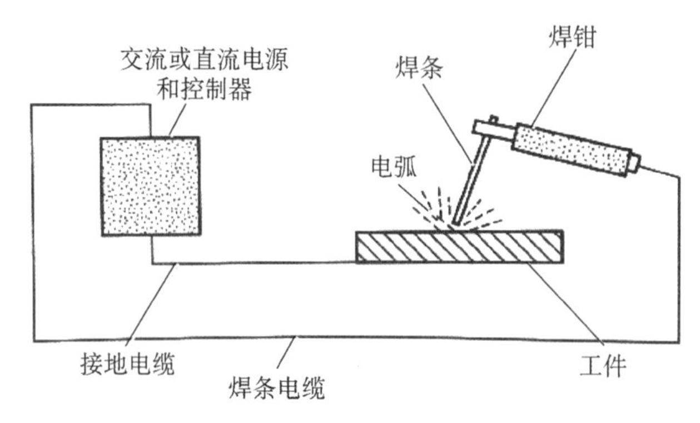

图 5－1 手工电弧焊原理

(1) 氩孤焊　当电弧焊的周围通上氩弧保护性气体，就成为氩弧焊。氩弧焊将空气隔离在焊区之外，防止焊区氧化，氩弧焊机主要用于精密铸件(合金钢、不锈钢精铸件)、铝合金压铸件的焊补。

① 优点：焊补效率高，精度较电焊机高。焊丝种类较多，不锈钢、铝合金产品上应用最广；

② 缺点：因热影响区域大，对铸件冲击过大，熔池边线有痕迹，焊补钢件有硬点。由于热影响，焊补有色铸件或薄壁件时，易产生热变形，操作技术要求较高。工件在修补后常常会造成变形、硬度降低、砂眼、局部退火、开裂、针孔、磨损、划伤、咬边或结合力不够及内应力损伤等，尤其在精密铸造件细小缺陷的修补过程表现突出。

氩弧焊与焊条电弧焊相比对人身体的伤害程度要高一些。氩弧焊的电流密度大，发出的光比较强烈，它的电弧产生的紫外线辐射，为普通焊条电弧焊的 5～30 倍，红外线为焊条电弧焊的 1～1.5 倍，在焊接时产生的臭氧含量较高。因此，尽量选择空气流通较好的地方施工。

(2) 焊条电弧焊　主要分热焊法和冷焊法。

冷焊法是在整体温度不高于 200℃时，焊接修复试件。

① 优点：适合在干燥的环境下工作，体积相对较小，不需要太多要求，操作简单、使用方便，速度较快，焊接后焊缝结实，适合大面积的焊补焊接；可以瞬间将同种金属材料(也可将异种金属连接，只是焊接方法不同)永久性的连接，焊缝经热处理后，与母材同等强度，密封很好。

② 缺点：由于焊缝金属结晶和偏析及氧化等过程，内部有应力，焊后容易开裂，产生热裂纹和冷裂纹，内部容易产生气孔、夹渣等二次缺陷；焊点上硬度过高，一般还需要退火热处理才可以满足加工要求，不适合于高碳钢的焊接焊补。

热焊法是将试件大范围或整体加热到 600～700℃后开始施焊，焊接过程中工件温度不低

于400℃，焊后马上加热到600～700℃，进行消除应力的退火处理。

电焊机只能修补一些比较粗糙的铸件，即使修补精密的铸件，也需要预热，焊后需要退火处理，焊补过程比较繁琐。

2. 模具等离子弧堆焊修复技术

利用在不熔化的电极和工件之间的压缩电弧，加热工件进行焊接的电弧焊焊接方法叫做等离子弧焊。等离子弧焊生产率高，焊缝深宽比大、成型好，可以焊接碳钢、不锈钢、铜合金、钛合金等。

图5－2所示为等离子弧焊枪的结构，钨极和工件之间的较高的电压经高频振荡器的激发，使气体电离形成电弧。电弧通过喷嘴时受到机械压缩，冷气流和冷却水的热收缩作用进一步压缩电弧，使得电弧电流密度急剧增加，温度极高。弧柱内的气体高度电离，形成全部由离子和电子所组成的等离子弧。

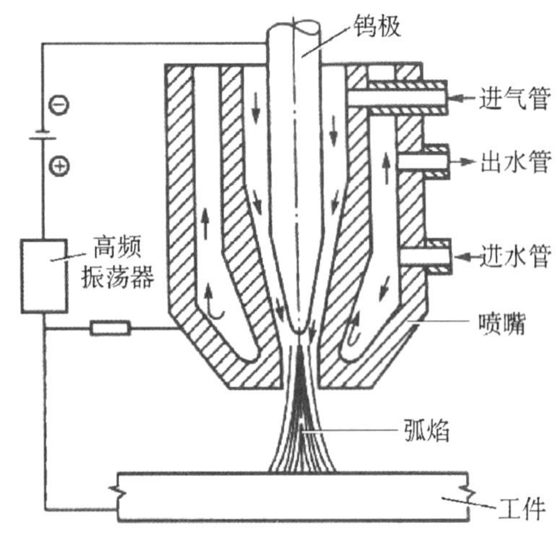

图5－2 等离子弧焊枪的结构

3. 模具电弧堆焊修复技术特点

模具堆焊很容易出现开裂和剥离缺陷。因此，需焊前预热和焊后保温，预热温度在450℃左右，时间不少于45 min；焊条需在250～350℃温度下烘熔1～2 h。堆焊时，将预热好的焊件从炉中取出，立即施焊，焊后送入炉中保温不少于30 min，然后取出、空冷，用锤击来消除焊前应力。模具电弧堆焊修复技术的优缺点如下：

① 对模具磨损处采取局部堆焊，在作业现场即可完成修复，修复后的模具因为加入了合金，其强度、硬度及韧性等都比原模具显著提高。

② 焊前需对基体的修复部位开槽或打坡口，不适宜修复薄而精密的模具。

③ 稀释率较高，热影响区大，焊后易产生翻泡、气孔、夹渣、未焊透、疏松、裂纹、硬度不均、焊道成型不良等缺陷，易引起模具基体变形。

5.1.2 模具表面喷涂修复技术

1. 热喷涂技术原理

热喷涂技术是利用热源将喷涂材料加热至熔融或半熔融状态，并以很高的速度喷射沉积到经过预处理的工件表面形成涂层的方法。根据热源不同，热喷涂分为火焰喷涂、电弧喷涂、等离子喷涂3种。

(1) 火焰喷涂　以气体火焰为热源的一种喷涂方法。按火焰喷射的速度，可分为火焰喷涂、火焰冲击喷涂(爆炸喷涂)和超音速火焰喷涂。可作为火焰喷涂燃料的气体，有乙炔(燃烧温度3 260℃)、氢气(燃烧温度为2 871℃)、液化石油气(燃烧温度约2 500℃)和丙烷(燃烧温度可达3 100℃)等。其中，乙炔和氧结合能产生最高的火焰温度，氧乙炔火焰应用最广。液化石油气温度偏低，丙烷价格较贵，很少使用。图5－3所示为氧-乙炔火焰丝材喷涂设备原理。

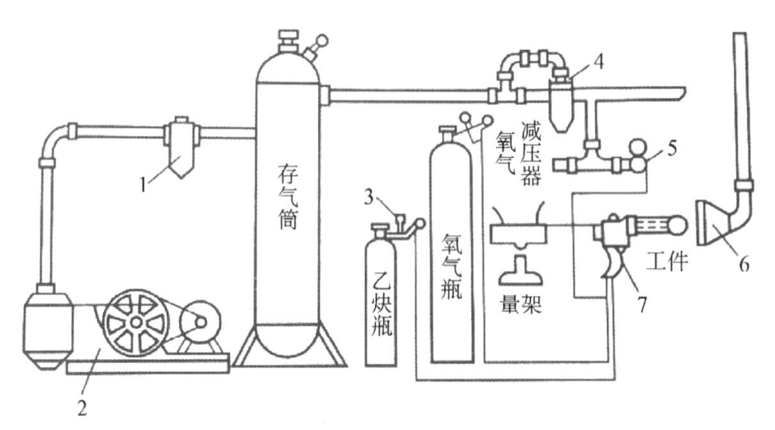

1—冷凝器；2—空气压缩机；3—乙炔减压器；4—过滤器；5—空气调节器；6—吸尘器；7—喷涂枪

图 5－3　氧-乙炔火焰丝材喷涂设备原理

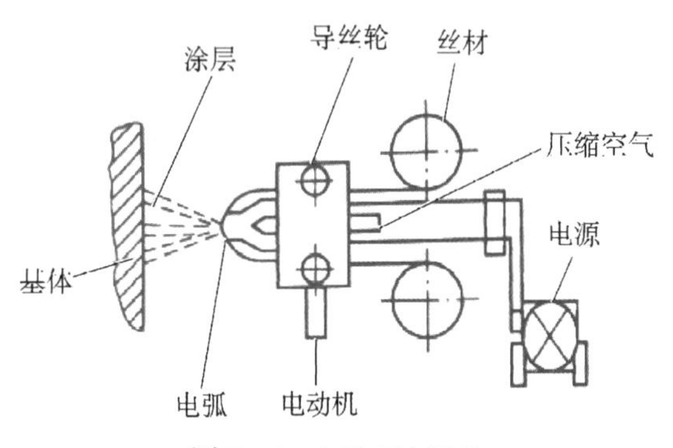

图 5－4　电弧喷涂原理

(2) 电弧喷涂　电弧喷涂是以电弧为热源的喷涂方法。在电弧喷涂过程中，两根不同极性的金属丝被连续地送进喷涂枪。在喷涂枪的前端，两根金属丝相遇，产生电弧。电弧熔化金属丝端部，同时，过热的金属熔滴被喷枪吹出的气流雾化和加速，并喷射到制备的基材表面，形成涂层。随着喷涂过程的进行，涂层不断增厚。图 5－4 所示为电弧喷涂原理。

(3) 等离子喷涂　等离子喷涂是以等离子弧为热源的一种喷涂方法。就是以电弧放电产生等离子体作为高温热源，以喷涂粉末材料为主。将喷涂粉末加热至熔化或熔融状态，在等离子射流加速下获得很高速度，将熔滴雾化或推动熔粒成喷射的粒束，高速撞击到模具基体表面上，形成达到一定性能要求的表面覆盖层。图 5－5 所示为等离子弧喷涂原理。

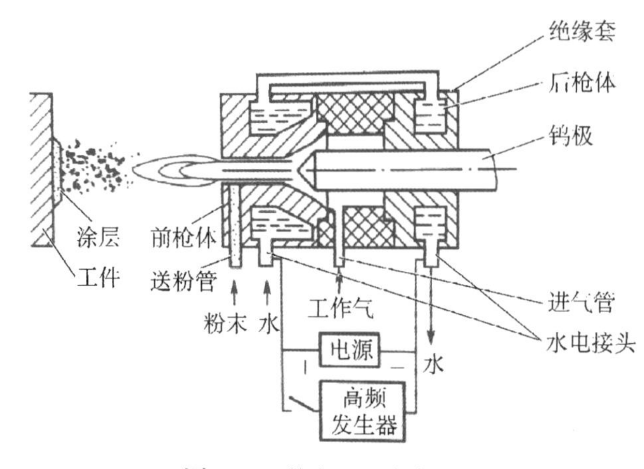

图 5－5　等离子弧喷涂原理

2. 热喷涂模具修复技术特点

热喷涂设备简单、操作方便、应用灵活、速度快、噪声小，特别是对于大件的加工很方便，在模具修复上有以下特点：

① 设备简单、操作方便、工艺灵活，可现场修复模具，且修复速度快、投资小、运行费用低。

② 对模具的可焊性无要求，可热喷焊修复铸铁模具。

③ 对小孔、深孔的修复存在一定困难。

④ 喷焊合金为粉末状，不受形状和导电问题的限制，沉积率高。

⑤ 热喷焊前一般需要根据修复的区域大小和模具材料，适当预热处理、预喷处理，焊后需选择合适的冷却工艺。否则，易出现喷焊层剥落、开裂和聚缩等缺陷。

⑥ 每小时最多可以喷涂 10 kg，在修复工艺中仅次于电弧修复，可喷焊薄层，也可喷焊厚层。

⑦ 喷焊层的硬度较堆焊层高，可达到 65 HRC，稀释率较低，表面精度较高，加工余量小，不易出现气孔、夹渣、咬边、棱角塌陷等缺陷。

⑧ 热影响区大，对薄壁或尺寸较小的模具存在热变形现象。因此，要求修复的模具为大、中型模具，待修复表面或型腔形状简单，喷焊的表面积不受限制，修复层厚度小于堆焊修复层。

⑨ 喷焊层硬度较高，后续加工时对刀具的要求高。

⑩ 热喷焊工艺操作环境差，有粉尘和噪声。

3. 热喷涂技术模具修复应用

热喷涂技术可应用于模具上，可解决以下问题：

① 修复旧模具的磨损面。

② 补救模具在制造中的局部尺寸超差。

③ 对新制造的模具工作面进行表面强化处理，提高模具的使用寿命。

对于因磨损、裂纹、龟裂、拉伤、黏接瘤等引起失效的大、中型模具，损伤深度小于 3 mm 时，采用热喷涂技术能有效修复。比如，龟裂、氧化、有腐蚀层的热锻模、玻璃模和塑料模，产生黏接瘤或拉伤的翻边模和冲裁模，因磨损失效的拉延模，型面发生磨损的压铸模等。

热喷涂技术应用于模具零件修复时，工艺方法灵活多样、施工方便迅速、材料选择范围广、适应性强、修复强化效果显著、经济效益高，适合于大型模具和严重磨损条件下工作的模具。

火焰喷涂操作方便、设备简单、成本低，但喷涂层强度不高，热影响区和变形较大，该方法一般用来修复强度较低的模具的表面形状，修复后模具使用寿命也较低。

等离子喷涂热源能量密度较高，可用于微量磨损模具的表面修复。因喷涂层与基材之间是机械结合，所以多用于非冲击载荷条件下的模具表面改性及形状修复，如热挤压模具。在工具钢制作的高熔点金属挤压模上等离子喷涂 0.5～1.0 mm 的氧化铝涂层，可将使用温度从 1 320℃提高到 1 650℃，喷涂氧化锆涂层，挤压温度可达 2 370℃，模具使用寿命可以提高 5～10 倍。

超音速喷涂获得的喷涂层与基材之间结合强度高，可用于中等冲击载荷作用下的模具表面改性及修复，且修复后模具不需要或只需要少量机加工。用于拉延模具重要工作面的表面改性，可使模具使用寿命明显提高。

5.1.3 模具电刷镀修复技术

1. 电刷镀技术原理

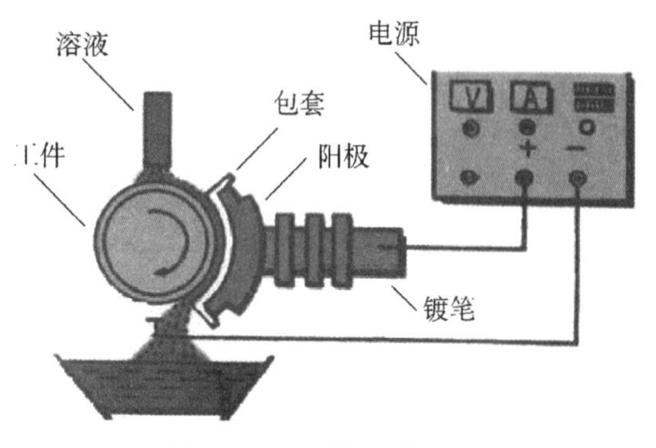

图5-6 电刷镀工作原理

电刷镀是将表面处理好的工件与专用的直流电源的负极相连，作为刷镀的阴极，镀笔与电源的正极相连，作为刷镀的阳极。刷镀时，使棉花包套中浸满电镀液的镀笔，以一定的速度在被镀零件表面上移动，并保持适当的压力。这样，在镀笔与被镀零件接触的那些部分，镀液中的金属离子在电场力的作用下扩散到零件表面，在表面获得电子被还原成金属原子，这些金属原子沉积结晶就形成了镀层。随着刷镀时间的延长，镀层逐渐增厚，直至达到需要的厚度，又称刷镀、接触镀、选择镀、涂镀、无槽电镀等，如图 5-6 所示。

2. 电刷镀工艺过程

电刷镀的工艺步骤及过程要点如下：

(1) 表面加工　去除表面上的毛刺、不平度、锥度及疲劳层，使其达到基本光整。

(2) 清洗、脱脂、除锈　锈蚀严重的可用喷砂，砂布打磨，油污用汽油、丙酮或水基清洗剂清洗。

(3) 电净处理　去除微观上的油、污，被镀表面的相邻部位也要认真清洗。

(4) 活化处理　去除工件表面的氧化膜、钝化膜或析出的碳元素微粒黑膜。

(5) 镀底层　为了提高工作镀层与基体金属的结合强度，工件表面经仔细电净、活化后，需先用特殊镍、碱铜或低氧脆镉镀液预镀一层薄层。

(6) 镀尺寸层和工作镀层　由于单一金属的镀层随厚度的增加内应力也增大，结晶变粗、强度降低，过厚时将引起裂纹或自然脱落。一般，单一镀层不能超过 0.03～0.05 mm 的安全厚度，快速镍和高速钢不能超过 0.3～0.5 mm。

(7) 镀后清洗　用自来水彻底清洗冲刷已镀表面和邻近部位，用热风机或压缩空气吹干，涂上防锈油或防锈液。

3. 电刷镀模具修复技术特点

① 涂镀液种类、可涂镀的金属比槽镀多，选用更改方便，易于实现复合镀层；

② 设备轻便简单，没有镀槽，携带和使用方便，对于大型精密模具可就地修复或不解体修复；

③ 镀层与基体金属的结合力比槽镀的牢固，涂镀速度比槽镀快，镀层可控性强；

④ 一般需要人工操作，很难实现高效率的大批量、自动化生产。

电刷技术在模具修复领域有很大的经济效益和实用意义，是修旧利废、模具再利用的绿色表面工程，可用于注塑模(塑料儿童椅大型模具)、拉延模、成型模、热锻模、切边模等的磨损、划伤、黏模、飞边、表面电镀层局部脱落等的修复。

5.1.4 模具激光熔覆修复技术

1. 激光熔覆技术原理

激光熔覆是以激光为热源，用不同的添料方式在被熔覆的基体上放置所需要的涂层材料，

经过激光照射，使涂层材料与基体表面薄层同时熔化形成熔覆层的技术。主要有CO_2气体激光器、Nd：YAG固体激光器、光纤激光器等。激光焊接是一种现代焊接方法，其特点是热影响区小、焊接质量比传统焊接方法高、被焊接工件变形极小、焊接深度/宽度比高。激光焊接还具有不受磁场的影响、不局限于导电材料、不需要真空的工作条件，并且焊接过程中不产生X射线等优点。可以用于很多材料的焊接，如碳钢、低合金高强度钢、不锈钢、铝合金和钛合金等。

2. 激光熔覆工艺过程

激光熔覆的工艺步骤及过程要点如下：

(1) 清洁工件　基体表面粗化处理前，根据要求，采用溶剂清洗、脱脂、机械方式或加热，除去喷涂表面上所有污物。

(2) 熔覆材料选择　根据对涂层的功能尺寸要求，选定激光熔覆层材料，确定合适的粒度及粒度分布。

(3) 工装　根据基体的形状和尺寸，选用夹具、机械转台及移动装置。

(4) 调节送粉装置　将粉末装入送粉器粉斗或喷斗中，保证送粉装置正常工作。

(5) 编写激光熔覆程序　根据工件激光熔覆面积，编写数控程序，并试运行。

(6) 激光熔覆　根据基体的热敏性、涂层特性及厚度，选择适当的激光熔覆工艺参数进行激光熔覆修复加工。

(7) 后处理　如需要，可进行磨削加工，加工到客户的尺寸精度要求。

根据需要，还应检验熔覆层质量，每道工序都必须严格按操作规程进行，检验合格后才能进入下一道工序。

3. 模具激光熔覆修复技术特点

相对于传统模具表面修复技术，激光熔覆有很多优点，但目前也存在一些难以控制和解决的问题，主要如下：

① 可准确定位光束，可修复模具上难以接近的窄缝、孔腔、盲孔、较小的台面等部位区域。

② 可在模具的特殊要求区域得到具有特殊性能的修复层，不但能修复模具表面，还可对模具表面强化。

③ 加热和冷却速度快(104～106℃/s)，产生的畸变较小，涂层稀释率低(2%～8%)，热影响区小，可选区熔覆，层深和层宽可通过调整激光熔覆工艺参数精密控制，后续加工量小。

④ 修复层与基体结合强度高，获得的修复层组织均匀、结构致密，无开裂、气孔、夹杂等缺陷，性能优良、外观平整。使用时无脱落，特别适合小型、复杂、长、薄、精密模具的修复，如塑料产品、电子元器件等复杂型腔模的修复，修复后模具的二次寿命大幅提高。

⑤ 熔覆层的质量不稳定。激光熔覆过程中，加热和冷却的速度极快，最高速度可达1 012℃/s。熔覆层和基体材料的温度梯度和热膨胀系数的差异，可能在熔覆层中产生多种缺陷，如气孔、裂纹、变形和表面不平整等。

⑥ 激光熔覆层的开裂敏感性，在一定程度上阻碍了该技术的工程应用及产业化进程。

⑦ 激光熔覆过程的检测和实施自动化控制方面，还存在诸多亟待解决的问题。

5.2 塑料模具的表面修复

5.2.1 塑料模具的主要失效形式

一般情况下，塑料模具会发生磨损失效、局部塑性变形失效和断裂失效三大类主要失效形式，其中型腔表面腐蚀是塑料模具常见的失效形式。

1. 型腔表面磨损和腐蚀

塑料成型过程中，加热熔融的塑料以一定压力和速度填充型腔，凝固的塑件从模具中脱出，都会对模具成型面产生摩擦，导致成型表面磨损。造成塑料模具磨损失效的根本原因就是模具与塑料间的摩擦，但磨损的具体形式和磨损过程则与许多因素有关，如模具在工作过程中的温度、压力、塑料填充速度、塑料的性能和润滑状况等。当选用的塑料模具材料与热处理方式不合理时，会导致型腔表面硬度低、耐磨性差，磨损严重而引起变形而尺寸超差、拉毛而使粗糙度值变高，表面质量恶化。尤其是有玻璃纤维和硬质填料的塑料，会加剧型腔面的磨损。塑料一般含有氯、氟等成分，受热时会分解出腐蚀性气体 HCl、HF，使塑料模具型腔面产生腐蚀磨损，导致失效。如果在腐蚀的同时又有磨损损伤，使型腔表面的镀层或其他防护层遭到破坏，则将促进腐蚀过程。两种损伤交叉反复作用，加速腐蚀、磨损失效。

2. 塑性变形失效

如果塑料模具所采用的材料强度与韧性不高，变形抗力低，容易引起塑性变形失效。塑料模具型腔表面受压、受热也会引起塑性变形失效，尤其是当小模具在大吨位设备上工作时，更容易产生超负荷塑性变形。模具型腔表面的硬化层过薄而导致变形抗力不足，或工作温度高于回火温度而发生相变软化，也会引起塑性变形失效。塑料模具的变形分两种情况：设计、制造过程中产生的变形，生产、使用过程中产生的变形。

（1）设计、制造过程中产生的变形　有以下几种：

① 模具结构设计引起变形。在模具设计过程中，若过多采用尖角、小沟槽、薄壁等结构，即使选用优质材料，这些几何形状变化大的结构部位在热处理淬火后，也会产生应力集中，引起变形。模具设计时，应尽量采用均匀对称结构、平滑过渡，避免小沟槽、凹槽等形状复杂的结构。设计阶段可预留加工余量，以弥补模具热处理变形。

② 模具的制造工序不当引起变形。一般情况下，在设计模具制造工序时，应在模具粗加工后、半精加工前，退火处理一次，以消除机加工留下的残余应力。因为一些高精度塑料模具在机加工过程中往往不做任何预先热处理，加工过程中的残余应力和模具最后热处理的应力产生叠加，增加了热处理后变形的概率。

③ 热处理工艺不当引起变形。加热温度、加热速度、冷却速度等这些热处理工艺参数都会影响热处理变形。淬火加热温度不能太高，温度太高会使金相组织增大，这样冷却后产生的应力也会增大，因此在满足模具热处理技术条件下，尽量采用淬火温度的下限温度加热，能减少淬火后变形倾向；加热速度过快往往会产生变形，因此对于相对复杂的模具，根据材料的不同采用一次预热或两次预热的工艺，能避免模具变形；冷却介质和冷却方法都会影响冷却速

度,冷却速度过快会产生较大应力,对于一些形状复杂的塑料模具,采用分级淬火能有效降低热应力。在热处理操作过程中,采用堵孔、机械固定等方法,控制模具的冷却顺序和模具在介质中冷却的运动规律等,也能减少变形的发生。

(2) 生产过程中产生的变形　在大吨位压力机上使用塑料模具,由于循环受到大载荷、高温、高压等因素的影响,或模具表面有效硬化层过薄,模具材料本身承载能力不足以抵抗工作载荷,引起表面变形。

3. 断裂失效

断裂主要是由于结构、温差而产生的结构应力、热应力导致;或因回火不足,在使用温度下使残留奥氏体转变成马氏体,引起局部体积膨胀,在模具内部产生组织应力所致。

5.2.2　塑料模具常用修复技术

1. 堆焊

将填充金属焊接在模具损坏处的表面上,达到所要求的性能和规格。堆焊技术在传统上多是手工焊,也能够修复塑料模具。

2. 电刷镀

该技术是在常温和无槽条件下,在工件局部表面快速电化学沉积一种金属或合金,已经被广泛应用于各工业部门,并取得了显著的经济效益。电刷镀设备简单、工艺简单、操作灵活、沉积速度快、镀层粗糙度低、镀层硬度与耐蚀性高。但电刷镀的镀液易产生污染,电源价格较高,劳动强度大,修复成本高。

3. 表面喷涂

一般,采用火焰喷涂、电弧喷涂、等离子喷涂和超音速喷涂等,将丝状、粉末状的金属或非金属材料加热熔化形成熔滴,以一定速度射向预处理基体表面,形成具有一定结合强度的涂层来修复模具。用于塑料模具的精密修复中,多是火焰喷涂、等离子喷涂。喷涂工艺过程简单易于操作,被喷涂物体的尺寸、大小和形状不受限制,既可对大型模具大面积喷涂,也可对工件的局部喷涂。但涂层与基体结合方式为机械结合,涂层易剥落,且有些喷涂的设备复杂、工艺条件要求高,不易操作。

4. 塑料模具的精密修复

随着塑料模具向超大型、小型、精密、复杂、多样化等方向发展,其失效的尺寸已是毫米级、微米级,传统修复塑料模具技术由于技术本身的限制已不能满足要求。例如,不易实现自动化,工作效率低;热量输入大,模具的热影响区大,易变形,甚至开裂、剥落;涂层稀释率大,基体与涂层的性能低;基体和涂层材料非冶金结合,使用寿命短;不适于精密地修复小型塑料模具、局部受损模具和精密度要求高的塑料模具。为了满足塑料模具的发展和修复失效模具技术的要求,需要热影响小、稀释率低、基体与涂层结合强度高、能修复尺寸精度要求高且能够实现自动化的精密修复技术,即激光焊接和激光熔覆技术。

(1) 激光焊接精密修复技术　激光焊接修复能进行微小部分的焊接及修补工作,弥补了传统氩气烧焊、冷焊技术在修补焊接精细表面的不足。其原理是利用激光焊接原理,以激光高能量集中定点的焊接。焊接修复无需预热、无咬边,快捷精密焊后无沙眼、气孔,黏接强度高,冶金结合不容易脱落。目前,国内外用于塑料模具修复的焊接设备及系统有:德国通快公司的 PowerWeld 和 PowerWeldmultiflex 激光焊接机、德国 ALPHA 公司的封闭型 ALW vario 和开放型 AL 激光焊接机、德国 O. R. Lasertechnologic GmbH 公司的 LRS 系列激光沉积焊接机、大族激光科技股份有限公司提供的 W 系列激光焊接机、广州瑞通千里激光设备有限公司的 LWS 系列激光焊接机等。激光焊接技术可以修复的塑料模具材料有 2344、S136、718、8407、SKD61、NAK80、2767、GS083、P20、不锈钢、铝合金、铍铜、钦合金等。激光焊接修复塑料模具所用焊丝有 P20、SKD61、MOLD 等系列，多为丝状、条状的成型材料，焊丝直径在 0.1～0.8 mm 之间。

激光焊接修复技术虽然能精密地修复尺寸精度要求高的失效塑料模具，但其焊丝成分、尺寸固定，不能针对失效模具的材料、组织以及失效形式按需设计，修复层中存在的缺陷较多，限制了激光焊接技术在精密修复塑料模具中的广泛应用。

(2) 激光熔覆精密修复技术　激光熔覆技术的特点是能将两种或两种以上的不同材料结合到一起，充分发挥各自的性能。激光熔覆技术分为预置法激光熔覆和同步送粉法激光熔覆。预置法激光熔覆，是采用适当的方法在需要处理的零部件表面预置一层能满足使用要求的特殊粉末，然后用高能激光束对快速扫描涂层，预置粉末在瞬间熔化并凝固，同时基体金属也随之熔化薄薄的一层，两者之间的界面在很小的区域内迅速产生分子或原子级的交互扩散，形成牢固的冶金结合。同步送粉法激光熔覆，是用高功率激光束以恒定功率与热粉流同时入射到模具表面上，一部分入射光被反射，一部分光被吸收，瞬间被吸收的能量超过临界值后，金属熔化产生熔池，然后快速凝固使得粉末材料与基体形成冶金结合的覆层。预置粉末法由于粉末间有空隙，不利于激光热传导，并且容易形成裂纹、气孔，影响涂层与基体的冶金结合。同步送粉法是粉末由保护气体带入激光束中，激光直接照射粉末和基体，两者共同熔化形成冶金结合。这种方法所需的激光能量低于预置粉末法，且涂层与基体冶金结合出现缺陷的几率小。激光熔覆技术由于熔覆层的材料、性能都可以根据实际失效形式调整，熔覆层厚度在10 μm～2.5 mm之间可按需调节，实际生产中可以根据原模具材料和性能的要求匹配，工艺过程简单、易操作，近年来国内外该技术在塑料模具修复方面日益成熟。

5.2.3　应用实例

某公司的一套电焊机塑料风扇叶模具(材料为 45 钢)生产的 4 片扇叶中有 2 片出现尺寸超差，超差尺寸为 0.15～0.30 mm，导致生产出的扇叶失去动平衡。如果做新模具不但成本较高，而且时间长，只有进行修复比较合适。经过电刷镀修复后，模具与镀层紧密结合，强度也达到要求。用电刷镀修复注塑模的大面积超差切实有效，既节约资金，又能满足尺寸精度和粗糙度要求，在注射模具使用行业中值得应用和推广。

5.3　冷拉延模具的表面修复

5.3.1　冷拉延模具的主要失效形式

拉延模是把平板坯料拉伸成具有一定形状的空心零件的工艺，工业中多用于汽车覆盖件

和汽车车门的生产等，拉延模具因其大型、复杂、精密等特点，而成为模具中举足轻重的部分。与普通冲压相比，拉延产品具有厚度小、外形复杂、表面尺寸大和对表面质量要求高等特点，因而对模具也有着特殊的要求。由于在模具使用过程中，在未达到寿命终了时，出现塌角、变形、磨损，甚至折断等失效形式。为提高生产效率及降低生产成本，模具的修复非常必要。

拉延模具的工作环境是将钢板在拉压应力下挤压变形，通过金属板料在模具型腔内的流动最终成型，承受强大的挤压摩擦力，所以模具的型腔容易出现严重拉伤磨损。由于模具的材料强度、钢板的成型性能以及模具力学性能设计的合理性等诸多因素影响，有时会使模具在安全使用期内迅速磨损，直接影响产品的外观质量。拉延成型模具的主要失效形式是压料板与凹模配合面及型腔侧壁的拉伤。

5.3.2　冷拉延模具常用修复技术

1. 传统修复技术

传统的修复方法主要是电焊和氩弧焊，但都存在着严重的不足。模具的刃口及摩擦配合面都是经过淬火处理的，硬度一般都在56～62 HRC之间，材料一般为高碳合金钢、高碳钢、合金铸铁等。电焊、氩弧焊在焊补过程中，焊补点附近及整个基体会由于升温变形，产生内应力以及退火软化等不良现象，虽然可以通过各种方法减轻，但无法从根本上阻止。

通常，型面上原来有一个拉沟，焊补修复后，经过一段时间的使用，原来修补那条沟的两边又出现了两条沟，甚至在原来的修补区域上又出现龟裂纹；一个崩刃口焊补修复后，使用一个周期下来，检查发现这个点虽然没有问题，但在这个点的左右两边又出现了两个磨损点。这些现象主要是由于高温组织变化，使焊补点预存了一定量的内应力，在使用过程中，内应力释放而出现微裂纹；由于高温，焊补点两边退火软化，硬度下降；由于焊补时的高温变形，使模具的刃口磨损加剧，间隙均匀发生变化，制件出现毛刺现象；在模具弯角等受力集中区域，因为磨损严重，焊补修复频率会增加。铸铁材料模具，在同一区域反复焊补3次以上，极易出现严重脱碳现象，基体无焊接强度，焊补点无法牢固结合，出现大量砂眼等。这种现象严重影响继续焊补工作；对一些复杂型面的焊补，不但不容易保证基准面的形状，而且还会由于咬边、砂眼等现象，使焊补面达不到平面度的要求。这些问题可以通过加热、保温，提高焊补水平、研磨水平，采用科学焊补工艺等措施减轻或减少发生，但是不能保证不发生。

电焊、氩弧焊是国内外汽车强国模具修补的主要手段，但由于热变形、热应力、退火软化等原因，每次修复对模具的机械性能都将产生不同的破坏。使用一段时间后，模具的使用寿命将受到严重的影响，使模具维修频率及工作量大幅度增加，并直接影响到冲压件的质量，且这些问题只能想方设法减少、减轻发生，杜绝发生是不可能的。

2. 修复新技术

近年来，通过反复实践，改进电刷镀电源、发明电阻冷熔设备、研发出特种活化工艺等，形成了独特的模具修补技术。该技术最大的特点是：常温修复，模具表面在修复过程中，不升温、不变形、无内应力产生，彻底避免了修复处微裂纹的产生；修补量可精确控制，可随基准面形状修复，修复点粗糙度可达(0.1 μm)以下；不受模具重量、形状、位置的限制，哪里磨损，就准确地修补哪里；修补点硬度为56～64 HRC，修复点附近硬度变化值很低；修补材料的耐磨性是 45 钢，硬度在 42 HRC 左右的 2.5～3 倍；在 100 倍放大镜下观测修补材料的致密性，是 HT300 合金铸铁的 2～2.5 倍(孔隙率)，冲压工件 5 000 件后，用 15 倍放大镜检测修补区域，无微裂纹出现；既可以修复模具的拉沟，也可以修复大面积的磨损曲面，在修补刃口的崩损时，不会出现退火、软化现象。修复原来最难焊的合金钢(Cr12Mo、3Cr10 等)时，也不会出现裂纹。

该技术在修复模具中，修复区域附近不升温、不变形，无退火、软化现象，无内应力、无裂纹；修复区域硬度高、耐磨性好，可随形修复，不改变基准面原有形状；可在常温状态下，修复各种材质模具(合金钢、合金铸铁、高碳钢等)的损伤；在修复过程中，不但彻底避免了电焊、氩弧焊的不足，而且模具整体的使用性能都有明显的提高。此技术既可以用于模具损伤的修复，也可以用于模具受力集中区域的局部强化。对于模具的几个重点受力集中区域，可通过对其表面改性，即选用高硬度、高耐磨性的特殊材料作为补材，使此区域的综合机械性能明显高于原材质。由于选择高性能修复材料的原因，使经过特殊技术修复后的模具表面使用性能等于或超过了原来性能。一般，厚度在 1.5 mm 以下的薄板料模具，使用寿命达 15～30 万次；大于 2 mm的厚板料模具，使用寿命达 5～10 万次。

5.3.3 应用实例

某研究院采用超音速喷涂硬质合金工艺，使 Cr12 不锈钢拉延模修模频率从每次 500 件提高到每次 7 000 件，寿命提高 3～8 倍。

冲压拉延模具在使用过程中，制件与模具型面在高压下发生高速、高温摩擦，容易形成黏接，产生模瘤，如图 5-7 所示，拉伤制件表面。模瘤崩块后造成模具损伤，如不及时修复模具型面的损伤，则会造成更为严重的黏接，使制件在拉深过程中发生严重拉伤甚至拉裂。通常，修复模具的方法是对模具型面损伤部位手工电弧补焊，然后打磨、抛光。因补焊容易产生气孔，表面硬度不高(一般在 45 HRC 左右)，使用效果不好，很容易在补焊部位再次发生黏接缺陷。采用氧-乙炔作为热源的热喷焊技术修复后，效果良好。

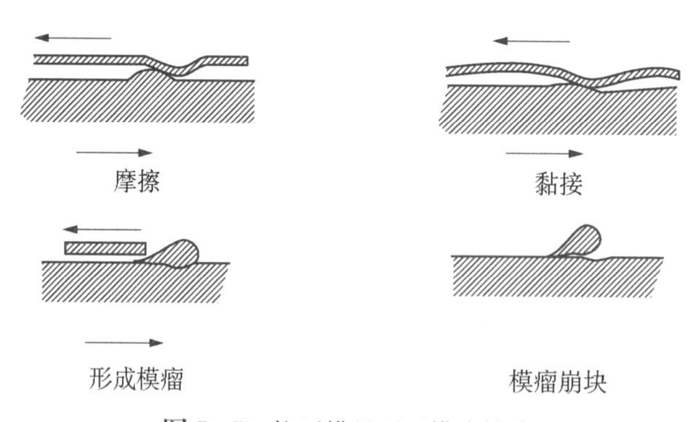

图 5-7 拉延模具型面模瘤缺陷

如图 5-8 所示的汽车大梁，采用牌号为 BP340 的高强度深拉钢板，板厚 1.5 mm。汽车大梁成型过程中，发生严重拉伤直接影响了大梁的强度。修复前模具型面已有多处损伤，大小在 15～80 mm 之间，集中在如图 5-9 所示的凹模过渡圆角处，损伤深度为 0.2～0.3 mm。采用以前补焊方法只加工 2 000 件左右就要重新补焊，远远不能满足月产 1 万件的生产需要。

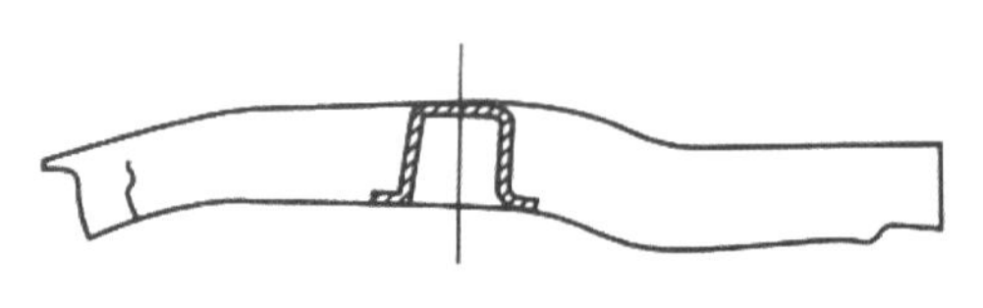

图5-8　汽车大梁形状

图5-9　凹模过渡圆角

采用热喷焊技术修复后的大梁成型模具，在使用过程中跟踪观察，涂层致密光滑，硬度达61 HRC(耐磨)，与基材黏接牢固，累计加工近10万件后喷焊层仍然没有出现黏接损伤。具体操作过程如下：

(1) 喷焊前准备　包括：

① 喷焊材料的选择。由于基材为7CrSiMnMoV(俗称风冷钢)，故选用NiCr60A自熔喷焊金属粉末。该牌号粉末摩擦系数低、硬度高，涂层可达60 HRC以上，可满足成型过程中的硬度要求。

② 选用OH-4型两用喷焊枪，枪嘴为$\phi0.7$ mm×12孔梅花。

③ 工艺参数。氧气压力为490～590 kPa，乙炔压力为49—59 kPa。

(2) 喷焊工艺流程　包括：

① 表面处理。将模具型面油污去尽，用脱脂剂清洗模具型面，然后加热到200℃烘烤以去掉水分。

② 预热。用微碳火焰将模具喷焊部位预热到250～300℃，注意枪口距工件表面保持在120 mm左右。

③ 施喷。当模具型面达到预热温度后，即表面将发蓝时，先对待喷表面喷上厚0.1～0.2 mm的薄层粉末，作为保护层，以防止施喷过程中氧化；然后用中性焰继续加热，待保护层粉末开始湿润时，间断开动送粉开关，保持枪口距工件30 mm，夹角为60°，边喷、边熔，直到涂层呈现"镜面"现象。操作中注意，不能使涂层产生溢流出现波浪状，更不能把涂层吹开露出基材面。

④ 冷却。放置在空气中缓冷。

⑤ 喷层的加工。首先用角向砂轮对喷层进行粗磨；待喷层接近模具型面时，换用金刚砂轮精磨；打磨时，注意采用45°交叉作业法；对喷层进行抛光。

5.4　热作模具的表面修复

1. 热作模具的主要失效形式

热作模具的最主要特点是在较高的温度环境下工作，高达1 200℃的被锻金属对型腔反复加热，使模具型腔表面温度迅速升高，常达500～650℃，同时使用中要承受较高的应力、极大的冲击载荷以及因金属塑变流动而引起的剧烈摩擦。在如此恶劣的情况下，热作模具常发生热软化(堆塌)、热磨损、热疲劳等损伤，甚至断裂失效。

2. 热作模具常用修复技术

对于失效的模具，可以采用堆焊技术修复。堆焊是在工件表面用焊接的方法堆敷同材质或异材质金属的工艺方法。通过堆焊可使旧工件恢复外形尺寸，或使工件表层具有特殊的性能。焊条电弧堆焊目前仍然是应用最广泛的堆焊方法，它具有设备简单、操作方便灵活、堆焊层金属成分便于选择等优点，很适宜在模具制造和修复中使用。

在零件加工业的生产中，模具的消耗量很大，若用焊条电弧堆焊修复，报废的模具能重新使用，甚至使用效果比新模具更好，能取得显著的经济效益。在廉价的模体上用焊条电弧堆焊的方法堆焊复合工作层，可用来制造模具，大大降低了制造成本。

3. 应用实例

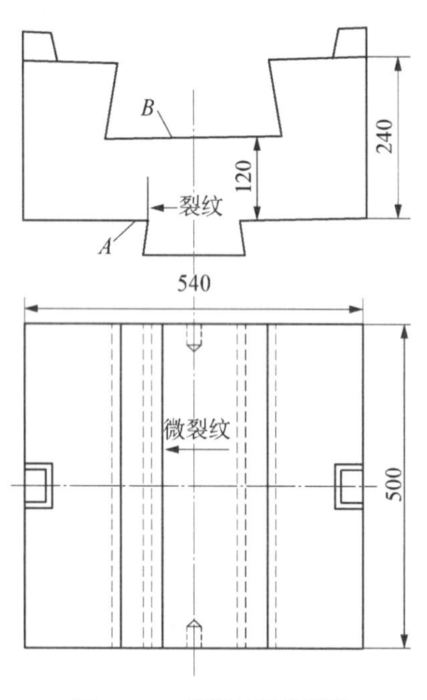

图 5-10　锻模的裂纹部分

两吨锤使用的锻模在中间产生开裂，新的锻模还未投入生产，即使新锻模投入生产后，也得几个月时间才能生产出来，这样不仅影响了当月生产任务，而且还会影响到全年生产任务的完成。当务之急是修复好锻模，要修复的锻模如图 5-10 所示。

锻模裂纹产生在燕尾根部，是一条贯穿裂纹，从 *A* 面观察，可以看到宽度为 2 mm、深为 100 mm 的裂纹，从 *B* 面观察则看不到明显裂纹。锻模模块材料为 5CrMnMo。修复工艺过程如下：

(1) 坡口准备　采用氧-乙炔焰，选用 001—300 号割枪，沿 *A* 面开出 30°坡口，坡口深度为 80～90 mm。

(2) 局部预热　由于锻模大，气割时局部预热时间长，切割后坡口附近温度为 200℃左右，免去了局部预热工序。

(3) 选用焊条　选用强度高、抗裂性能好的 J507 焊条，焊条直径 5 mm，焊前经 250℃烘干 1 h。

(4) 焊机准备　AX1—500 直流弧焊机，直流反接，焊接电流 225 A。

(5) 施焊　焊接方法采用窄焊道多层焊，最后一条焊道焊成退火焊道，焊肉高出平面 3～5 mm，留出机加工余量。

(6) 增加加固带　做两条加固带焊在锻模的两端，加固带长 800 mm、宽 90 mm、厚 45 mm。两面角焊缝，焊角高为 25 mm。

(7) 焊后热处理　将焊好的锻模放入炉中，加热到 300℃，退火消除应力。

5.5　模具修复硬化层基本检测方法

5.5.1　宏观检测

宏观检测用于观察金属结晶的形状、大小和排列、气泡、夹杂、空隙疏松、偏析、流线、裂纹以及其他组织特征，是用肉眼或低倍放大镜(10 倍以下)观察金属内部组织结构及缺陷，以控制金属或合金材料和成品质量的方法。

合金往往存在不均匀性，仅用显微组织检验、力学性能试验和化学分析所得的数据，往往难以代表整个材料的性状。而宏观检测因其观察面较大且较直观，可了解金属或合金结构的整体情况，便于对比研究生产工艺改变时所造成的材料内部质量的差异，广泛用于判断冶炼、塑性加工或焊接过程是否正常，是生产现场和科研部门分析机械零件早期失效原因和检查热处理质量的重要手段。常用的宏观分析方法有浸蚀法、印画法、断口法、塔形车削发纹试验法及 CCD 单列阵扫描法等。

1. 浸蚀法

将金属试样截面的油污磨掉，用酸或其他试剂深腐蚀，以显露其宏观组织的方法。浸蚀通常取横截面，有特殊要求时取纵截面。因为金属与合金中的不均匀性和缺陷受试剂浸蚀的速度与程度不同，会呈现深浅不一的颜色，甚至孔洞，常与相应的标准图片相比较评定级别。碳钢、合金钢，以及一般不锈钢、耐热钢，常用 65～85℃的 50%盐酸浸蚀，酸浸时间根据钢种、酸液浓度和检验目的不同而存在差别。断面较大的碳素钢、合金钢件或钢锭不便于用热酸浸蚀，常用 10～20℃过硫酸铵水溶液在常温下浸泡，并用毛刷反复刷净表面的浸蚀产物，随即在热碱水中中和，或直接用热水冲洗干净和吹干。有色金属的浸蚀与钢基本上相同，有的试剂须加热，有的则只要在常温下对合金表面擦拭一定时间就能显示出组织和缺陷。

2. 印画法

印画法主要有硫印、氧印、磷印和铅印，用来记录深腐蚀的宏观组织、氧化物和硫化物夹杂以及磷或铅的分布等。试样制备与酸蚀法相同，但光洁度要求稍高。

3. 塔形车削发纹试验

发纹是钢的宏观缺陷之一，是非金属夹杂物、针孔或气泡等在热加工中伸长而产生的细小纹，对钢的动力学性能，特别是疲劳强度影响极大。该试验方法是将需要检测的材料车削成规定的阶梯形试样，然后用肉眼检查其表面发纹长度及条数。用于制造重要机件的钢材，对发纹的数量、尺寸和分布都有严格的限制。

4. CCD 单列阵扫描法

CCD 单列阵扫描法检验速度快、精度高，能检查小于 0.05 mm 的缺陷。如图 5－11 所示，扫描仪由一列 CCD 阵列传感器、图像卡、切换器、一维扫描机构、步进电动机和计算机等组成。采集开始时，先将输入的图像成像在 CCD 摄像机阵列上，计算机通过端口地址译码器向切换器发送命令，切换器依次使 CCD 阵列的每一个 CCD 与图像卡接通，并将每个 CCD 采集到的图像依次送入图像卡，完成一次 CCD 阵列方向上的扫描。此过程不需要步进电动机移动 CCD，扫描速度得到了很大的提高。随后，控制系统发出信号启动步进电动机，带动 CCD 阵列移动到下一采样行的位置。到位后，行程开关发出信号。CCD 又进行一次列方向的依次电扫描转换。重复上述过程，采集第二行图像数据，直到整个模具表面图像输入完毕。最后，控制系统发出信号启动步进电动机反向旋转，带动 CCD 列阵回到扫描初始位置。

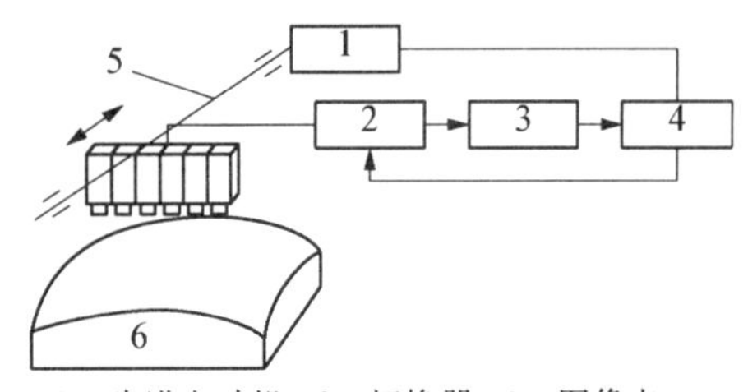

1—步进电动机；2—切换器；3—图像卡；4—计算机；5—精密丝杆；6—模具

图 5－11　CCD 检测原理

根据采集到的图像中的灰度值来判断硬化层质量，当模具表面的缺陷处有一定的突起和凹陷或是表面粗糙度不同时，由于缺陷对入射光的反射程度不同，采集到的图像的灰度值的差异就能反映出缺陷的情况。模具表面有划痕时，划痕处由于反射光比较强烈，会出现亮条纹，称为亮缺陷；模具表面有砂眼和裂痕时，光射入砂眼会使反射光变弱，出现暗斑，称为暗缺陷；若采集到的是一幅灰度变化缓慢的图像，则表明模具表面很规则(即无缺陷)。

5.5.2 硬度检测

硬度反应了材料表面抵抗变形或破裂的能力，是衡量材料软硬程度的一项力学性能指标。通常，有静态法和动态法两种试验方法。静态测试中均采用一个压头压入被测工件，并留下永久性压痕，作为计算数值的依据，测试方法通常包括布氏硬度(HB)、洛氏硬度(HRC)和维氏硬度(HV)等；动态测试是以一个硬质压头加速落到被测试样上的反弹高度来计算硬度值，通常包括肖氏硬度实验、里氏硬度试验等，具体操作方法本书不再赘述。金属硬度试验是一种最简单和最容易实施的力学性能测试方法，各种金属的修补检查、最合理机械加工工序的确定和热处理检查，都可以通过硬度测试来反应。

5.5.3 金相组织检测

金相组织检测可以观察到金属材料内部具有的各组成物的直观形貌，更深入地研究金属材料内部组织，是运用放大镜和显微镜，观察研究金属材料的微观组织的方法，包括光学金相分析技术、电子金相技术。对于新材料、新工艺、新产品的开发研究，产品质量检测及失效分析等都离不开金相检测。

金相组织检测需要制备金相试样，试样的选择非常重要，所选择的样品必须具有代表性，一般按研究内容或按检验标准的规定选取样品。样品通过切割、研磨、抛光和浸蚀等步骤使金属材料具备金相观察所要求的条件，制备的样品要避免出现假象，必须具有清晰和真实的组织形貌。例如，非淬火试样表面局部过热而淬火，淬火试样在制备过程中表面产生局部过热而回火，都会使组织失真。抛光不当会造成夹杂物脱落，在试样面上留下点坑或拖尾，还可能使试样表面产生变形层而干扰组织的真实形貌。

显微组织分析时，第一，要知道合金的成分(尤其是主要成分)，根据合金的成分(主要成分)在相图上找到平衡状态时具有的相，用杠杆或重心规则测算其相对量，作为判定相时的参数；第二，要知道该合金的原料纯度、冶炼方法、凝固过程、锻轧工艺以及热处理工艺等；第三，要知道试样截取的部位、取样方法、磨面方向、试样制备及组织显示方法等；第四，在显微镜下观察时，先用低倍观察组织全貌，再用高倍仔细观察某些细节，最后根据需要，再选用特殊金相分析方法，先做定性分析，再做定量测试。定性分析主要是鉴别显微组织的类型与特性，完成材料显微成分、结构与形貌的综合分析，即多种分析，如光学显微镜(包括偏振光、干涉、微分干涉、明暗视场、相衬、高低温状态、显微硬度等)分析、电子显微镜(包括电子相、波谱、能谱、衍射、动载等)分析、X 射线衍射分析等。通过这些工作准确地判定这种组织的各种参量，进一步确定这种组织的结构和性质。定量分析包括对某种组织的点、线、面、体诸空间的测量和计算，把得到的二维截面或实体在平面上投影的测量结果向有关显微组织的空间三维量转换。

5.5.4　化学成分检测

为了保证修复后模具的使用寿命，修复硬化层的合金元素必须达到一定含量，通过化学成分检测可以确定材料的化学组成和存在形态。通常情况下，化学分析主要分为定性化学分析、定量化学分析和相分析。

1. 定性化学分析

根据操作方式的不同，可分为干法分析和湿法分析。金属固态材料常用干法分析技术，包括熔珠分析、焰色分析、原子发射光谱定性分析、X射线荧光光谱定性分析。

(1) 熔珠分析　将试样用硼砂或磷酸氢铵钠在铂丝环上烧成熔珠，利用不同金属的熔珠具有不同颜色的特征而进行鉴定。

(2) 焰色分析　利用某些金属的盐类在火焰中灼烧时会呈现特征颜色而鉴定。

(3) 原子发射光谱定性分析　利用原子(或离子)在一定条件下受激而发射的特征光谱鉴定。最常用的是铁谱比较法，以铁光谱作为波长标尺，通过比较来确认试样中未知谱线的波长，进而估计被鉴定试样中组分的大致含量，即主量、中量、微量、痕量等。

(4) X射线荧光光谱定性分析　利用原级X射线光子或其他微观粒子激发被鉴定试样中每个元素的原子，使之产生荧光(次级X射线)，根据每个元素的X射线荧光的特征波长进行定性分析。

2. 定量化学分析

根据分析时所依据的原理不同，定量化学分析大体分为化学分析法和仪器分析法。

(1) 化学分析法　以物质的化学反应为基础的分析方法，主要有重量(称量)分析法和滴定分析法(包括酸碱滴定法、氧化还原滴定法、络合滴定法、沉淀滴定法)。

(2) 仪器分析法　以物质的物理和化学性质为基础的分析方法，这类方法要使用较特殊的仪器，故称仪器分析法，主要包括光学分析法、电化学分析法、核分析法、质谱分析法等。

3. 相分析

相分析有化学方法与物理方法两种。化学方法通常选择不同溶剂使各种相得到选择性分离，再以化学或仪器分析法确定其组成或结构。物理方法常用密度法、磁选分析法、X射线衍射分析法、红外光谱法、光声光谱法等。

5.5.5　残余应力检测

残余应力产生的原因是物体内部发生了不均匀塑性变形、不均匀相变、不均匀化学成分变化，或材料本身存在组织结构的不均匀性，使得产生应力的各种因素不复存在时，在物体内部依然存在着自身保持平衡的残余应力。残余应力对模具的尺寸稳定性、疲劳强度、抗应力腐蚀能力和使用寿命都有直接的影响。

一般情况下，残余应力分Ⅰ、Ⅱ、Ⅲ三类。在物体宏观尺寸范围内存在的称为第Ⅰ类残余应力，即宏观残余应力，工程上简称残余应力；在晶粒尺度范围内存在的称为第Ⅱ类残余应力；在原子尺度范围内存在的称为第Ⅲ类残余应力。其中，第Ⅱ、Ⅲ类的残余应力合称为微观残余应力。三类残余应力对X射线衍射效应的影响各不相同，一般来说，第Ⅰ类使谱线位移，第Ⅱ类使谱线宽化，第Ⅲ类使衍射强度降低。可根据这些特点测量各类残余应力。

在X射线应力测定中，目前多采用衍射仪法，即利用X射线衍射技术测定多晶材料表面的残余应力或外载引起的表面应力。一般工件可在普通的衍射仪上测定残余应力，试件体积较大时必须利用X射线应力测定仪测量。

测量的残余应力结果是否可靠与材料的成分和组织结构、样件的机械条件、测量装置和测量方法有关。选用高角衍射线可提高测量的准确性，在各方面条件都较好的情况下，测量精度可达±(10～20)MPa以上。X射线应力测定法用于测量表面残余应力时，具有无损、快速、精度高、能测量小区域和指定物相的应力等特点。

5.5.6 耐磨性能检测

耐磨性检测试验方法有实物试验和实验室试验两种。其中，实物试验的条件与实际情况一致或接近，结果可靠性高，但试验周期长，所得试验结果是摩擦副结构材料及其工艺等诸多因素的综合反映，单因素的影响难于掌握与分析。实验室试验周期短、成本低，易于控制各种影响因素，但所得试验结果常不能直接反映实际情况，主要用于研究性试验，研究单个因素的影响规律及探讨磨损机理。研究零件的耐磨性时，通常兼用两种方法。

实验室试验常用的摩擦磨损试验机有销盘式磨损试验机、环块式磨损试验机、往复运动式试验机、对滚式磨损试验机、砂纸磨损试验机、快速磨损试验机6种，如图5-12所示。具体选用哪种试验方法应根据摩擦副运动方式(往复、旋转)及摩擦方式(滚动或滑动)确定。尽可能使试样形状及尺寸、运动速度、试验力、温度等因素接近实际服役条件。试样数量要充足，一般需要4～5对摩擦副，按试验数据的平均值处理。分散度大时，按均方根值处理数据。

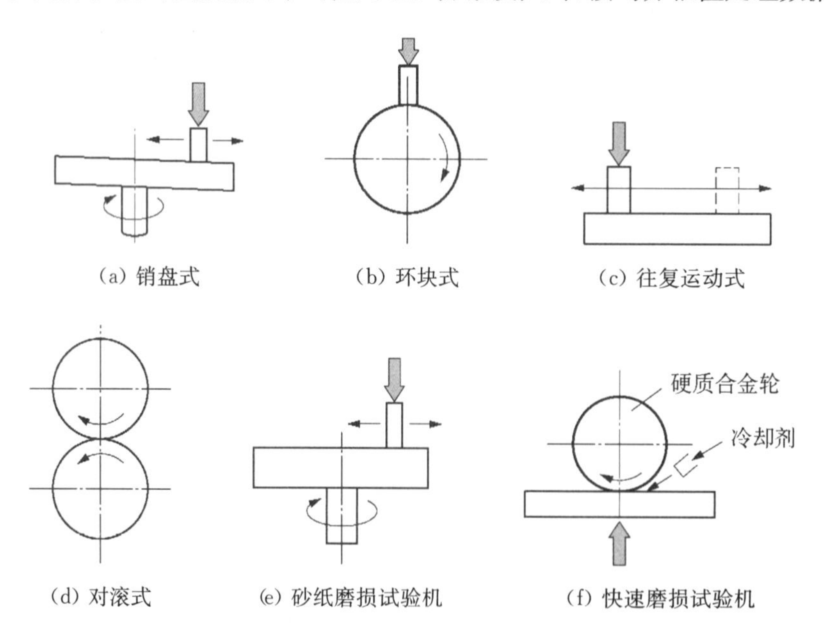

图5-12 磨损试验机类型

磨损试验机工作原理如下：

(1) 销盘式磨损试验机　将试样加上载荷压紧在旋转的圆盘上，摩擦速度可调。

(2) 环块式试验机　将试样加上载荷压紧在环块上。

(3) 往复运动式试验机　试样在静止平面上往复运动，可评定往复运动机件，如导轨、缸套与活塞环等摩擦副的耐磨性。

(4) 对滚式磨损试验机　可用来测定金属材料在滑动摩擦、滚动摩擦、滚动加滑动复合摩擦、间隙接触摩擦、弧形面接触摩擦、切入式摩擦等情况下的磨损量，附有的测定摩擦力矩的装置还可用于测定上述接触形式下的摩擦力和材料摩擦系数。

(5) 砂纸磨损试验机　对磨材料是砂纸，是一种简单易行的方法。

(6) 快速磨损试验机　旋转圆轮用硬质合金制造，能较快测定材料的耐磨性，也可测定润滑剂的摩擦及磨损性能。

复习思考题

1. 模具常用的表面修复技术有哪些？简述其原理特点。
2. 塑料模具常用的表面修复技术有哪些？
3. 冷拉延模具常用的表面修复技术有哪些？
4. 热作模具常用的表面修复技术有哪些？
5. 模具修复硬化层基本检测方法有哪些？

附录1

常用模具钢材

厂家、牌号		类别档次		
瑞典 ASSAB	618	1	中	龙记
	718	2	高	丰度金属、龙记
	S136/S136H	4	高	丰度金属、龙记
	8407	5	高	丰度金属
	8402	5		丰度金属、龙记
优质德国特殊钢材	GS-312	1+S	低	龙记
	GS-318	1	低	丰度金属、龙记
	GS-738	2	中	丰度金属、龙记
	GS-711	2	高	龙记
	P20M	1	低	龙记、丰度金属
	GS-316	4		丰度金属、
	GS-083/083H	4		龙记
	GS-344EFS	5		丰度金属、龙记
	GS-638	1	中	丰度金属、龙记
	GS-2311	1	中	丰度金属
	GS-2312	1+S	低	龙记、丰度金属
	GS-2316	4		丰度金属
	GS-2083/2083H	4		丰度金属
	GS-2344	5		丰度金属
德国 EDEL	2311	1	中	龙记、丰度金属
	318	1	低	丰度金属
	2316/2316H	4		龙记、丰度金属
	2344	5		丰度金属

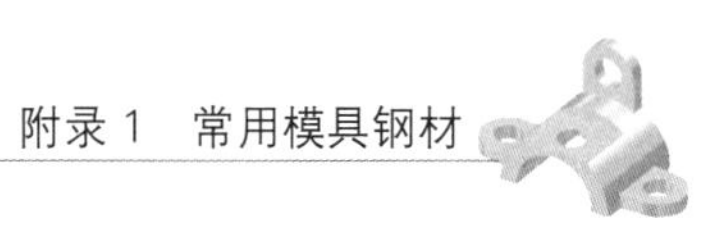

续　表

厂家、牌号		类别档次		
法国 USINOR	CLC 2738	2		龙记、丰度金属
	CLC 2316H	4		龙记、丰度金属
法国 SLI	SP300	1		龙记、丰度金属
	738	2	中	龙记、丰度金属
韩国重工业（株）	HP - 1A	0	低	龙记、明利
	HP - 4A	1	低	丰度金属
	HP - 4MA	1	中	明利
	HAM - 10	3	高	龙记
	HEMS - 1A	4		明利
	STD - 61	5		丰度金属
	HDS - 1	5		龙记
日本 DAIDO	NAK55	3	中	丰度金属
	NAK80	3	高	丰度金属
	PDS - 5	1		上海丰度金属
	PX4	1		龙记 丰度金属
	PX5	1	中	丰度金属
	PX88	1		丰度金属
	PXZ	0	低	龙记
	S - STAR	4		丰度金属、龙记
	G - STAR	4		龙记、丰度金属
	PAK90	4		上海丰度金属
	DH2F	5		上海丰度金属
德国德威	GSW - 2311	1		龙记、丰度金属
	PM - 311	1		龙记、丰度金属
	GSW - 2738	2		龙记、丰度金属
	PM - 738	2		丰度金属
	GSW - 2316	4		龙记、丰度金属
	PM - 316	4		丰度金属
	GSW - 2344	5		丰度金属
德国多来特	2322	1		明利
	2328	1		龙记、明利

续 表

厂家、牌号		类别档次		
	2378	2		明利
	2738	2		丰度金属
	2083、2083ESR	4		龙记
	2316、2316ESR	4		明利、丰度金属
	2344	5		丰度金属
奥地利百禄	M202	1		丰度金属
	M238	2		丰度金属、龙记
	M300	4		丰度金属、龙记
	M310/310H	4		丰度金属、龙记
	W302	5		丰度金属、龙记
加拿大SOREL	CSM-2	1		龙记、明利
日本三菱	MUP	1	中	龙记、明利
S45C、S50C、S55C		0	低	丰度金属、龙记

注：类别对应为1—P20类，2—P20+Ni类，3—P21类，4—420类耐蚀钢，5—H13类，0—碳素钢。

附录2

国内外钢号对照

序号	外国牌号	所属国家或厂家	钢种类别	近似对应钢号				主要特点及用途
				中国	美国	日本	德国	
1	A2	美国 AISI	冷作模具钢	Cr5Mo1V		SKD12	1.2363	
2	D2	美国 AISI	冷作模具钢	Cr12Mo1V		SKD11	1.2379	
3	D3	美国 AISI	冷作模具钢	Cr12		SKD1	1.2080	
4	DC11	日本大同	冷作模具钢	Cr12Mo1V1	D2	SKD11		
5	DC53	日本大同	冷作模具钢	Cr8Mo1VSi		DC11 改进型		高温回火后具有高硬度、高韧性，线切割性良好
6	DF-2	瑞典 ASSAB	冷作模具钢	9Mn2V	O2			良好冲裁能力，热处理变形小，用于小型冲压模、切纸刀片
7	DF-3	瑞典 ASSAB	冷作模具钢	9CrWMn	O1	SKS3	1.2510	良好韧口保持能力，淬火变形小，用于薄片冲模、压花模
8	GOA	日本大同	殊冷作模具钢			SKS3 改进型		淬透性高，耐磨性好，用于冷冲裁模、成型模、冲头、压花
9	GSW-2379	德国德威	冷作模具钢	Cr12Mo1V1	D2		1.2379	用于冷挤压、冲压模，也用于高耐磨性塑料模具
10	K100	奥地利百禄	高碳高铬冷作模具钢	Cr12	D3		1.2080	高耐磨性，优良的耐腐蚀性，用于不锈钢薄板切边、深冲、冷压、成型模
11	K110	奥地利百禄	高韧性高铬冷作模具钢	Cr12Mo1V1	D2			良好的强度、硬度和韧性，用于重载冲压模
12	K460	奥地利百禄	油淬冷作模具钢	MnCrWV	O1		1.2510	高强度，热处理变形小，用于金属冲压模

续 表

序号	外国牌号	所属国家或厂家	钢种类别	近似对应钢号				主要特点及用途
				中国	美国	日本	德国	
13	M2	美国 AISI	冷作模具用钼系高速钢	W6Mo5Cr4V2		SKH9	1.3343	
14	O1	美国 AISI	油淬冷作模具钢	MnCrWV		SKS3	1.2510	
15	O2	美国 AISI	油淬冷作模具钢	9Mn2V			1.2842	
16	P18	俄罗斯	冷作模具用钨系高速钢	W18Cr4V	T1	SKH2	1.3355	
17	STD11	韩国重工	空淬冷作模具钢	Cr12Mo1V1	D2改良	SKD11		高清净度、硬度均匀、高耐磨、高强度
18	XW－10	瑞典ASSAB	空淬冷作模具钢	Cr5Mo1V	A2	SKD12		韧性好、高耐磨，热处理变形小
19	XW－42	瑞典ASSAB	高碳高铬冷作模具钢	Cr12Mo1V1	D2			良好淬透性及强韧性、高耐磨，热处理变形小、回火抗力好
20	YK30	日本大同	油淬冷作模具钢		O2	SKS93		冷冲压模
21	8407	瑞典ASSAB	通用热作模具钢	4Cr5MoSiV1	H13			用于锤锻、挤压、压铸模，也可用于塑料模具
22	DH21	日本大同	铝压铸模用钢	4Cr3Mo3VSi				抗热疲劳开裂性能好，模具使用寿命较高
23	DH2F	日本大同	预硬化模具钢	H13＋S		SKD61改良		预硬 37～41 HRC，韧性良好，用于复杂精密锌热作模具
24	DH31S	日本大同	压铸模用钢					淬透性好，抗热疲劳开裂和抗热熔损性均良好
25	DH42	日本大同	铜压铸模用钢					用于铜合金压铸和热挤压模
26	GSW－2344	德国德威	通用压铸模用钢	4Cr5MoSiV1	H13型			用于铝、锌合金压铸模
27	H10	美国 AISI	美国H系列热作模具钢	4Cr3Mo3SiV			1.2365	
28	H11	美国 AISI	美国H系列热作模具钢	4Cr5MoSiV		SKD6	1.2343	

续　表

序号	外国牌号	所属国家或厂家	钢种类别	近似对应钢号				主要特点及用途
				中国	美国	日本	德国	
39	H13	美国 AISI	美国 H 系列热作模具钢	4Cr5MoSiV1		SKD61	1.2344	在我国广泛应用
30	H21	美国 AISI	美国 H 系列热作模具钢	3Cr2W8V		SKD5	1.2581	在我国广泛应用
31	HDS-1	韩国重工	热作模具钢	H13 改良型				具有良好的强韧性和抗回火稳定性,用于压铸模、热挤压模
32	QRO-90	瑞典 ASSAB	热作模具钢	4Cr3Mo3VSi				高温强度高,导热性好,耐热冲击,抗热疲劳
33	STD61	韩国重工	热作模具钢	近似 H13				具有良好的高温强度和韧性,用于压铸、热挤压、热冲压模
34	W302	奥地利百禄	热作模具钢	近似 H13				用于铝、锌合金热挤压、热冲压模
35	420SS	美国 AISI	耐蚀塑料模具钢	4Cr13			X38C13	马氏体型不锈钢
36	440C	美国 AISI	耐蚀塑料模具钢	11Cr17		SUS 440C		马氏体型不锈钢
37	618	瑞典 ASSAB	预硬化塑料模具钢	3Cr2Mo	P20			在我国广泛应用
38	716	瑞典 ASSAB	耐蚀塑料模具钢		420	SUS 420J1		马氏体型不锈钢
39	718	瑞典 ASSAB	镜面塑料模具钢	3Cr2Mo+Ni	P20+Ni			可预硬交货,高淬透性,良好的抛光性能、电加工性能和皮纹加工性能
40	CLC 2083	法国 USINOR	耐蚀镜面塑料模具钢	4Cr13 型				良好的耐蚀性和力学强度,高的淬透性及耐磨性,优良的镜面抛光性
41	CLC 2316H	法国 USINOR	耐蚀镜面塑料模具钢	4Cr16 型				同上
42	CLC 2738	法国 USINOR	预硬化镜面塑料模具钢	3Cr2Mo+Ni				近似 718
43	CLC 2738HH	法国 USINOR	高级镜面塑料模具钢					比 CLC2738 洁净度更高,硬度更均匀,模具性能更佳,寿命长

续 表

序号	外国牌号	所属国家或厂家	钢种类别	近似对应钢号				主要特点及用途
				中国	美国	日本	德国	
44	G-STAR	日本大同	耐蚀塑料模具钢					出厂硬度 HRC33~37,具有良好的耐蚀性和切削加工性
45	GSW-2083	德国德威	耐蚀塑料模具钢	4Cr13 型				具有良好的耐蚀性,用于PVC材料模具
46	GSW-2311	德国德威	预硬化塑料模具钢	P20 型				出厂硬度 HRC31~34,可电火花加工,用于大中型镜面塑料模具
47	GSW-2316	德国德威	耐蚀塑料模具钢	4Cr16 型				出厂硬度 HRC31~34,有良好的耐蚀性和镜面抛光性
48	GSW-2738	德国德威	镜面塑料模具钢	P20+Ni				出厂硬度 HRC31~34,硬度均匀、抛光性能好,用于大中型镜面塑料模具
49	HAM-10	韩国重工	镜面塑料模具钢					出厂硬度 HRC37~42,镜面抛光性能好,用于透明塑料部件模具
50	HEMS-1A	韩国重工	耐蚀塑料模具钢	3Cr13 型				出厂硬度 HRC23~33,高级镜面抛光性能
51	HP-1A	韩国重工	普通塑料模具钢					良好的加工性能,加工变型小,用于玩具模具
52	HP-4A	韩国重工	预硬化塑料模具钢	3Cr2Mo				出厂硬度 HRC25~32,硬度均匀、加工性能好
53	HP-4MA	韩国重工	预硬化塑料模具钢	P20 改良型				出厂硬度 HRC27~34,硬度均匀、耐磨性好,用于各种家用电器外壳模具
54	M202	奥地利百禄	预硬化塑料模具钢	P20 型				出厂硬度 HRC30~34,可电加工
55	M238	奥地利百禄	镜面塑料模具钢	P20+Ni 型				出厂硬度 HRC30~34,镜面抛光性好,M238H 更高级
56	M300	奥地利百禄	耐蚀镜面塑料模具钢	马氏体型				具有优良的耐蚀性、高的力学强度和耐磨性,并有优良的镜面抛光性
57	M310	奥地利百禄	耐蚀镜面塑料模具钢	4Cr13 型				具有优良的耐蚀性、耐磨性、镜面抛光性

续 表

序号	外国牌号	所属国家或厂家	钢种类别	近似对应钢号				主要特点及用途
				中国	美国	日本	德国	
58	NAK55	日本大同	镜面预硬化塑料模具钢					出厂硬度 HRC37～43,切削加工性能好,用于高精度镜面模具
59	NAK80	日本大同	镜面预硬化塑料模具钢					出厂硬度 HRC37～43,镜面抛光性能好,用于高精度镜面模具
60	P20	美国 AISI	预硬化塑料模具钢	3Cr2Mo			1.2330	在我国广泛应用,出厂硬度 HRC30～42,适用于大中型精密模具
61	PXZ	日本大同	预硬化塑料模具钢					出厂硬度 HRC27～34,具有良好的切削性和焊补性
62	PX4,PX5	日本大同	镜面预硬化塑料模具钢	P20 改良型				出厂硬度 HRC30～33,用于大型镜面模具
63	S45CS50C S55C	日本 JIS	普通塑料模具钢	SM45 SM48SM50 SM53SM55				用于模具非重要的结构部件,如模架等
64	S-136	瑞典 ASSAB	耐蚀塑料模具钢	3Cr13/4Cr13				中碳高铬不锈钢,耐蚀性好、硬度高、抛光性好
65	S-STAR	日本大同	耐蚀镜面塑料模具钢	马氏体型				高耐蚀性、高镜面抛光性,热处理变形小,用于耐蚀镜面模具
66	SP300	法国 CLI	预硬化塑料模具钢					具有良好的加工性、抛光性和皮纹加工性,用于家电、汽车塑料模具
67	HFH-1	韩国重工	火焰淬火模具钢	7CrSiMnMoV				较好的淬透性,良好的韧性耐磨性,热处理变形小
68	STF-4M	韩国重工	锻造用模具钢		6F2 改良			具有优良的抗热冲击性能和高的耐磨性,用于锻造模、热冲压模

附录3

【模具材料选用及表面修复技术】

常用模具钢中外牌号对照表

中国	国际标准化组织 ISO	美国 AISI	日本 JIS	德国 DIN	法国 NF	英国 BS
T7	TC70	W1 和 W2	SK7、SK6	C70W1	C70E2U	C70U
T8	TC80	W1 和 W2	SK6、SK5	C80W1	C80E2U	C80U
T10	TC105	W1 和 W2	SK4、SK3	100V1	C105E2U	BW_1B
T12	TC120	W1	SK2	115W2	C120E3U	BW_1C
9Mn2V	90Mn2V				90MV8	B02
CrWMn	105WCr1	O7	SKS31	105WCr6	105WCr13	
9CrWMn	95MnWCr1		SKS3	100MnCrW4	90MWCV5	B01
9SiCr				90CrSi5		C4
MnCrWV		O1	SKS3	100MnCrW4		B01
Cr2	100Cr2	L3	SUJ2	100Cr6	100Cr6	BL1、BL3
GCr15	100Cr6		SUJ2	100Cr6	100Cr6	BL3
Cr5Mo1V	100CrMoV5		SKD12	X100CrMoV5	X100CrMoV5	BA2
Cr6WV		A2	SKD12	X100CrMoV51		
8Cr2MnWMoVS						
Cr4W2MoV						
Cr2Mn2SiWMoV		A4				
Cr12	210Cr12	D3	SKD1	X210Cr12	X200Cr12	BD3
Cr12Mo			SKD11	X165CrMoV12		
Cr12MoV			SKD11	X165CrMoV12	X160CrMoV12	
Cr12Mo1V1	160CrMoV12	D2		X155CrVMo12	X155CrVMo12	BD2
W18Cr4V	HS18-0-1	T1	SKH2	S18-0-1	HS18-0-1	BT1
W6Mo5Cr4V2	HS6-5-2	M2	SKH9	S6-5-2	HS6-5-2	BTM2

（续表）

中国	国际标准化组织 ISO	美国 AISI	日本 JIS	德国 DIN	法国 NF	英国 BS
6Cr4W3Mo2VNb						
7Cr7Mo2V2Si						
6Cr4Mo3Ni2WV						
5Cr4Mo3SiMnVAl						
6W6Mo5Cr4V		H42				
9Cr6W3Mo2V2						
Cr8MoWV3Si						
7Mn15Cr2Al3V2WMo						
5CrNiMo	55NiCrMoV6	L6	SKT4	55NiCrMoV6	55NiCrMoV7	PLMB/1
5CrMnMo			SKT5			
5CrNiMoV						
5Cr2NiMoV						
5Cr2NiMoVSi						
5CrMnSiMoV						
45Cr2NiMoVSi						
4CrMnSiMoV						
4Cr5MoSiV	35CrMoV5	H11	SKD6	X38CrMoV51	X37CrMoV51	BH11
4Cr5MoSiV1	40CrMoV5	H13	SKD61	X40CrMoV51	X40CrMoV51	BH13
4Cr5W2SiV			SKD62			
4Cr4WMoSiV						
4Cr3Mo3SiV	30CrMoV3	H10	SKD7	X32CrMoV33		BH10
5Cr4Mo2W2SiV						
5Cr4W5Mo2V						
3Cr2W8V	30WCrV9	H21	SKD5	X30WCrV93	X30WCrV93	BH21
5Cr4W5Mo2V						
5Cr4W2Mo2SiV						
5Cr4Mo3SiMnVAl						
4Cr3Mo3W4VNb						
3Cr3Mo3W2V						
6Cr4Mo3NiWV						
42CrMo	42CrMo	4140	SCM4	42CrMo4	42CD4	708M40

（续表）

中国	国际标准化组织 ISO	美国 AISI	日本 JIS	德国 DIN	法国 NF	英国 BS
40CrNi2Mo						
30CrNiMnSiA						
5Mn15Cr8Ni5Mo3V2						
7Mn10Cr8Ni10Mn3V2						
45Cr14Ni14W2Mo			SUH31			331S42
SM45			S45C	C45U	C45U	C45U
SM50			S50C	C45U	C45U	C45U
SM55			S55C			
10		1010	S10C	C10	C10	045A10
20		1020	S20C	C22E	C22E	C22E
20Cr	20Cr4	5120	SCr420	20Cr4	18C3	En207
12CrNi2		3125	SNC415	14NiCr10	14NC11	
12CrNi3	15NiCr13	E3310	SNC815	14NiCr14	14NC12	665A12
20CrMnTi						
20Cr2Ni4					18NC13	659M15
40Cr	41Cr4	5140	SCr440	41Cr4	38Cr4	530A40
3Cr2MnMo	35CrMo2			40CrMnMo7	35CrMo7	BP20
42Cr2Mo						
3Cr2NiMo						
Y55CrNiMnMoV						
5CrNiMnMoVSCa						
95Cr18		440C	SUS440C	X90CrMoV18		
90Cr18MoV			SUS440B			
102Cr17Mo		440C	SUS440C			
14Cr17Ni2			SUS431	X22CrNi17	215CN16－2	431S29
20Cr13	X20Cr13		SUS420J1	X20Cr13	Z20C13	420S37
30Cr13	X30Cr13		SUS420J2	X30Cr13	Z30C13	420S45
40Cr13	X39Cr13			X40Cr13	Z40C13	
18Ni(250)		250VM				
18Ni(300)		300VM				
18Ni(350)		350VM				

（续表）

中国	国际标准化组织 ISO	美国 AISI	日本 JIS	德国 DIN	法国 NF	英国 BS
06Ni6CrMoVTiAl						
0Cr16Ni4Co3Nb						
25CrNi3MoAl						
10Ni3MnCuAlMo						
20CrNi3AlMnMo						

参考文献

[1] 程培元.模具寿命与材料[M].北京：机械工业出版社,1999.

[2] 熊建武.模具零件材料与热处理的选用[M].北京：化学工业出版社,2011.

[3] 陈叶娣.模具材料的选用与热处理[M].北京：机械工业出版社,2012.

[4] 刘立君,李继强.模具激光强化及修复再造技术[M].北京：北京大学出版社,2012.

[5] 杨占尧.塑料模具标准件及设计应用手册[M].北京：化学工业出版社,2008.

[6] 吴生绪.塑料成型模具设计手册[M].北京：机械工业出版社,2008.

[7] 郑家贤.冲压模具设计使用手册[M].北京：机械工业出版社,2007.

[8] 中国标准出版社第三编辑室,全国模具标准化技术委员会.塑料模具国家标准汇编[M].北京：中国标准出版社,2009.

[9] 刘旭东.堆焊在模具修复中的应用[J].模具制造,2002.4(9)：52—53.

[10] 刘晋春,白基成,郭永丰.特种加工[M],5版.北京：机械工业出版社,2010.

[11] 王昌福.电刷镀技术在模具修复中的应用[J].科技信息,2008.36：309—310.

[12] 郭小燕,张津,张叶成,孙智富.表面技术在模具修复中的应用进展[J].表面技术,2007.36(6)：70—76.

[13] 闰忠琳,叶宏.激光熔覆技术及其在模具中的应用[J].激光杂志,2006.27：73—74.

图书在版编目(CIP)数据

模具材料选用及表面修复技术/简发萍主编. —上海：复旦大学出版社，2018.11
(复旦卓越·高职高专21世纪规划教材·机械类、近机械类)
ISBN 978-7-309-14039-2

Ⅰ. ①模… Ⅱ. ①简… Ⅲ. ①模具-工程材料-高等职业教育-教材 ②模具-金属表面处理-高等职业教育-教材 Ⅳ. ①TG76

中国版本图书馆CIP数据核字(2018)第257171号

模具材料选用及表面修复技术
简发萍 主编
责任编辑/张志军

复旦大学出版社有限公司出版发行
上海市国权路579号 邮编：200433
网址：fupnet@fudanpress.com http://www.fudanpress.com
门市零售：86-21-65642857 团体订购：86-21-65118853
外埠邮购：86-21-65109143 出版部电话：86-21-65642845
崇明裕安印刷厂

开本787×1092 1/16 印张10.25 字数237千
2018年11月第1版第1次印刷

ISBN 978-7-309-14039-2/T·637
定价：25.00元